Talemos Seta Shanka
Sebsebe Demissew
Zemede Asfaw

# Diversidade em hortas caseiras à base de alfarrobas na zona de Wolayta (Etiópia)

AF525526

Talemos Seta Shanka
Sebsebe Demissew
Zemede Asfaw

# Diversidade em hortas caseiras à base de alfarrobas na zona de Wolayta (Etiópia)

ScienciaScripts

**Imprint**

Any brand names and product names mentioned in this book are subject to trademark, brand or patent protection and are trademarks or registered trademarks of their respective holders. The use of brand names, product names, common names, trade names, product descriptions etc. even without a particular marking in this work is in no way to be construed to mean that such names may be regarded as unrestricted in respect of trademark and brand protection legislation and could thus be used by anyone.

Cover image: www.ingimage.com

This book is a translation from the original published under ISBN 978-3-659-88730-7.

Publisher:
Sciencia Scripts
is a trademark of
Dodo Books Indian Ocean Ltd. and OmniScriptum S.R.L publishing group

120 High Road, East Finchley, London, N2 9ED, United Kingdom
Str. Armeneasca 28/1, office 1, Chisinau MD-2012, Republic of Moldova, Europe
Managing Directors: Ieva Konstantinova, Victoria Ursu
info@omniscriptum.com

Printed at: see last page
**ISBN: 978-620-8-54067-8**

Copyright © Talemos Seta Shanka, Sebsebe Demissew, Zemede Asfaw
Copyright © 2025 Dodo Books Indian Ocean Ltd. and OmniScriptum S.R.L publishing group

# Índice

# CAPÍTULO 1. INTRODUÇÃO

## 1.1 Antecedentes

Os agroecossistemas tradicionais são considerados como os maiores repositórios mundiais de diversidade genética de culturas e animais, particularmente nos trópicos. Tal deve-se ao facto de conterem a maior diversidade de germoplasma vegetal e animal da atualidade, resultante de processos de gestão tradicionais ao longo de séculos. Os pequenos agricultores da agricultura tradicional são descritos como criadores efectivos de diversidade de variedades e administradores da diversidade genética (Miller *et al.,* 1995; Altieri, 1999; Feleke Woldyes, 2000).

A existência de vários tipos de sistemas agrícolas complexos, como os campos elevados, os socalcos e os sistemas agroflorestais de policultura, é importante para satisfazer as exigências ambientais da produção alimentar das populações locais (Altieri, 1995). Dois aspectos caraterísticos podem ser exibidos em tais sistemas: alta diversidade de culturas cultivadas e alto grau de intercalação. O mesmo autor descreveu este fenómeno como a estratégia do agricultor em direção à complexidade, que demonstra a sua profunda racionalidade ecológica, uma vez que os tipos de agricultura com mais hipóteses de perdurar são aqueles que menos se desviam da diversidade das comunidades naturais em que existem. Assim, uma dessas agriculturas tradicionais é comummente designada por "homegardening".

A horticultura doméstica pode ser descrita como uma prática de sistemas integrados de utilização da terra e de produção agrícola que remonta há anos em todo o mundo tropical (Sommers, 1982; Christanty, 1990). De acordo com Fernandes e Nair (1990), as hortas caseiras evoluíram a partir da agricultura itinerante, de modo a superar as limitações de recursos, a pressão populacional e a consequente redução da disponibilidade de terra, mão de obra e capital. Além disso, as limitações físicas, como o afastamento da área, também obrigam os habitantes a prover a maior parte das suas necessidades básicas por si próprios. Gradualmente, a jardinagem tornou-se uma prática comum através da qual se cultivam plantas colhidas no ecossistema natural e as introduzidas do exterior. No entanto, continua a ser intensificada, embora constitua uma ameaça potencial para a diversidade biológica das espécies vegetais autóctones. As hortas caseiras são os sítios que há muito são considerados como sinais de prestígio e orgulho (Zemede Asfaw e Ayele Nigatu, 1995; Zemede Asfaw,

1997).

Engels (2002) descreveu as hortas caseiras como sistemas lógicos de produção de plantas cultivadas que são consumidas frescas, usadas diariamente, consumidas apenas em pequenas quantidades ou que precisam de atenção específica, como legumes, especiarias, ervas e plantas medicinais. O tipo de culturas cultivadas e a proximidade da horta à casa e à cozinha asseguram que as hortas caseiras contribuem significativamente para a segurança alimentar das famílias (Mitchell e Hanstad, 2004), especialmente devido ao facto de serem uma fonte importante de micronutrientes e vitaminas, desempenhando assim um papel crucial no equilíbrio nutricional da dieta humana (Zemede Asfaw, 1997, 2004; Pulami e Paudel, 2004). As hortas caseiras também podem ser consideradas como microambientes dentro dos agroecossistemas que preservam a função e a resiliência do ecossistema maior. Como um ecossistema, contém múltiplos níveis de diversidade, incluindo diversidade cultural, genética e agronómica. Além disso, pode ser considerado como um centro informal de introdução e distribuição de plantas. De acordo com o IPGRI (1999), os contactos permanentes entre as hortas, as famílias e os mercados locais, bem como a grande diversidade das hortas individuais, conduzem a um intercâmbio contínuo de germoplasma e de informação entre elas. Estas actividades são de importância crítica para a domesticação de plantas e para a evolução das culturas e também dão origem a uma situação dinâmica em que pode evoluir uma diversidade genética nova e única (Engels, 2002).

De acordo com Eyzaguirre e Watson (2002), as hortas caseiras não são apenas uma fonte importante de alimentos, forragem, combustível, medicamentos, especiarias, materiais de construção e rendimentos em muitos mundos tropicais, mas também para a conservação *in situ* de uma vasta gama de recursos genéticos vegetais. Trata-se de sistemas dinâmicos; a sua estrutura, composição e diversidade de espécies e cultivares são influenciadas por mudanças nas circunstâncias socioeconómicas e nos valores culturais das famílias que mantêm estas hortas. A compreensão dos factores e padrões de tomada de decisão que afectam a gestão das hortas caseiras é crucial para incluir as hortas caseiras como componentes estratégicos da conservação *in situ* da agrobiodiversidade (Christanty, 1990). A conservação da agrobiodiversidade é inseparável do uso sustentável dos recursos genéticos vegetais na agricultura. Assim, a conservação da agrobiodiversidade é simultaneamente um objetivo e um meio de garantir a subsistência e o bem-estar das comunidades agrícolas nas zonas rurais do mundo em desenvolvimento. Além disso, estes sistemas são exemplos claros de sistemas de produção ricos em diversidade, que servem tanto para o desenvolvimento como para a conservação (Eyzaguirre e Watson, 2002; Pulami e Paudel, 2004)

As hortas caseiras são o ponto focal das interações sociais de um agregado familiar e com os visitantes. A biodiversidade é de extrema importância para as populações tradicionais que dela dependem grandemente para a sua subsistência (Altieri, 1995). Para eles é uma questão de sobrevivência, uma vez que a sua subsistência depende do acesso livre e aberto a uma grande variedade de recursos biológicos. Um dos papéis mais cruciais que as hortas caseiras desempenham é o de manter vivo o conhecimento indígena sobre plantas úteis e seu uso de uma geração para outra. Nos trópicos, as hortas caseiras serviam de refúgio para as *"variedades de culturas hereditárias"* que eram valorizadas e mantidas através da utilização dos seus conhecimentos indígenas na família, mas que tinham pouco lugar nos mercados comerciais. As famílias também podem trocar as variedades das suas hortas caseiras como parte das visitas sociais (Christanty, 1990; Altieri, 1995).

Em vários países, as hortas caseiras são locais onde o germoplasma da natureza é cultivado. Este ecossistema complexo, próximo da casa, onde as plantas podem ser observadas e geridas de perto, torna-o um local conveniente para a experimentação e domesticação de plantas tradicionais. Para algumas das culturas de raízes nas regiões tropicais, como o taro, o inhame, etc., o germoplasma selvagem é continuamente cultivado em hortas caseiras para renovar o vigor do germoplasma para plantação em campos maiores (Michon e Mary, 1990).

Entre outros, as hortas caseiras prestam serviços ecossistémicos aos sistemas agrícolas mais amplos, à saúde e ao bem-estar das famílias. Além disso, também proporcionam ambientes protegidos e enriquecidos para várias fontes de plantas que podem ter sido mais susceptíveis a tensões bióticas e abióticas nos campos. Outros serviços que prestam incluem o enriquecimento do solo, a melhoria da retenção de água e o habitat para os polinizadores. Além disso, constitui um bom exemplo de como os seres humanos provocam uma diferenciação de nichos que pode aumentar o rendimento total dos agroecossistemas (Torquebiau, 1992; Hougerbrugge e Fresco, 1993). Este artigo tenta avaliar a diversidade das plantas mais úteis na horta caseira baseada na beterraba e os factores que afectam a diversidade das plantas, as plantas alimentares da horta caseira e o conhecimento indígena relacionado com estas plantas.

## 1.2 Esforços de investigação e desenvolvimento em hortas caseiras

As hortas caseiras são essenciais para satisfazer as necessidades das famílias numa variedade de culturas. No entanto, os cientistas agrícolas raramente se têm interessado por elas. Fernandes e Nair (1986), bem como Kumar e Nair (2004), indicaram a falta de interesse entre os cientistas para o desenvolvimento de hortas domésticas agroflorestais, o que eles afirmaram da seguinte maneira *'Os cientistas que não estão familiarizados com as hortas caseiras não se apercebem da importância e contribuição potencial destes sistemas no quadro do desenvolvimento agrícola ou agroflorestal. Alguns outros, que estão sob a influência da perspetiva tradicional dos sistemas monoculturais de agricultura ou silvicultura, consideram as hortas caseiras como sistemas muito especializados adaptados ao uso da terra para subsistência, ou estruturalmente demasiado complexos para serem sustentáveis como modelo de trabalho".* Por conseguinte, raramente foi dada atenção científica à melhoria destes sistemas agro-florestais tradicionais.

Da mesma forma, as perspectivas dos especialistas em desenvolvimento estão sempre voltadas para as novas tecnologias e extrapolam para áreas maiores de terra. Assim, eles não se interessaram pelas hortas caseiras por causa de sua natureza de trabalho intensivo, e ocorrência em pequenos pedaços de terra, principalmente em regiões com relativamente boa precipitação ou disponibilidade de água (Ninez, 1987; Nair, 2001). No entanto, qualquer esforço intensivo no desenvolvimento de hortas caseiras deve começar com a aprendizagem dos pormenores destes sistemas testados pelo tempo. Recentemente, as hortas domésticas tropicais forneceram sustento a milhões de agricultores e prosperidade a muitas famílias em todo o mundo em desenvolvimento. Em contrapartida, a extensão dos estudos científicos sobre estes sistemas tem sido ligeiramente inferior ao que o seu valor económico, benefícios ecológicos ou importância sociocultural poderiam garantir. Para dar ênfase a estes sistemas, é necessário fazer esforços sérios para compreender a base ecológica e económica dos sistemas.

## 1.3 Declaração do problema

O presente estudo em áreas selecionadas da zona de *Wolayta*, Região das Nacionalidades e

Povos do Sul (SNNPR) contribuirá para uma melhor compreensão das hortas caseiras e da informação etnobotânica relativa a estes agroecossistemas. As hortas caseiras tradicionais proporcionam meios de subsistência às famílias com base na diversidade de espécies, na composição e nas práticas de gestão e variam em função dos contextos biofísicos e socioeconómicos existentes. Alguns investigadores (Tesfaye Abebe, 2005) descreveram as hortas familiares agroflorestais de café e beterraba no sul da Etiópia. No entanto, faltam análises pormenorizadas da diversidade e composição das espécies dos jardins domésticos, da sua produtividade, bem como dos conhecimentos indígenas associados e da informação etnobotânica nos jardins domésticos de *Wolayta*. Quando essas informações estiverem disponíveis, será possível melhorar a horta doméstica em *Wolayta*. Além disso, como a utilização da terra muda ao longo do tempo, os principais factores responsáveis por essas mudanças devem ser identificados com os seus efeitos antes de se poderem formular recomendações de melhoramento.

*Wolayta,* situada nas zonas montanhosas médias do sul da Etiópia, pertence ao complexo da vegetação tropical. As áreas têm um padrão de cultivo com uma combinação diversificada de culturas de tubérculos, legumes, leguminosas, frutos, especiarias, bebidas e plantas medicinais e muitas outras são complementadas com gado, aves de capoeira e apicultura (Zemede Asfaw e Zerihun Woldu, 1997). De acordo com as observações efectuadas, a maior parte da população da zona de *Wolayta*, SNNPR, vive em zonas rurais e depende da agricultura de sequeiro e da criação de gado para a sua subsistência. Com o aumento da pressão demográfica na zona, a expansão das terras agrícolas (por desflorestação) e a degradação das terras, a procura de alimentos também aumenta. Consequentemente, a propriedade fundiária de um indivíduo diminui à medida que se regista um rápido aumento da densidade populacional. Assim, a maior parte da população *Wolayta* nas terras altas limita-se à sua horta doméstica, principalmente para o abastecimento de alimentos, seguida de outros suplementos. No entanto, não foi feito muito trabalho no que diz respeito a este sistema, à diversidade e composição de espécies de plantas úteis, à análise do conhecimento indígena, à comercialização, à natureza e dinâmica das espécies de plantas da horta caseira e à sua importância para o abastecimento alimentar na zona.

### 1.4. Seleção dos locais de estudo

As áreas montanhosas da Zona de *Wolayta*, SNNPR, são categorizadas como *Zonas de Culturas Perenes de Elevado Potencial*, onde as duas culturas perenes dominantes, a beterraba e o café, são cultivadas em estreita associação com outras culturas num sistema agroflorestal de hortas caseiras de vários andares, integrado na criação de gado. Este sistema é também amplamente praticado noutras zonas administrativas da região. *Wolayta* foi selecionada para realizar o presente estudo, porque:

- existe uma pressão populacional muito elevada nas terras altas e é um representante típico do sistema agroflorestal enset-café-jardim doméstico
- O estudo anterior realizado sobre o papel deste agroecossistema e as práticas indígenas das populações em relação ao sistema foi quase nulo, exceto o trabalho de Zemede Asfaw e Zerihun Woldu (1997) realizado sobre a associação de culturas nas hortas caseiras de *Wolayta* e *Gurage*
- investigador está familiarizado com os contextos biofísicos, culturais e socioeconómicos da zona.

### 1.5 Objectivos do estudo

#### 1.5.1 Objectivos gerais:

- Avaliar a riqueza, regularidade e diversidade das espécies vegetais mais úteis na horta sistemas agroflorestais e documentar a informação etnobotânica.

#### 1.5.2 Objectivos específicos:

- Destacar as relações entre a oferta de alimentos e as funções de melhoria nutricional das hortas caseiras
- Mostrar a importância das hortas caseiras como veículo para ajudar a conservar a biodiversidade local
- Ver os factores que afectam a diversidade da horta doméstica
- Descrever as principais espécies vegetais que desempenham um papel importante no abastecimento alimentar
- Compilar a lista de espécies de plantas de jardim doméstico e as suas utilizações na zona de estudo

- Estudar como a agro-biodiversidade varia com a distância da casa
- Avaliar e recomendar direcções futuras sobre o papel e a contribuição das hortas domésticas.

# CAPÍTULO 2. REVISÃO DA LITERATURA

## 2.1 Jardins domésticos tropicais

As hortas caseiras, nas regiões tropicais, são geralmente definidas como 'sistemas de produção alimentar suplementar em pequena escala que imitam as florestas naturais, com várias camadas (Hoogerbrugge e Fresco, 1993). As hortas caseiras parecem ter-se desenvolvido independentemente no subcontinente indiano, na Indonésia, noutras partes do Sudeste Asiático, nas ilhas tropicais do Pacífico, nas Caraíbas e em várias partes da América Latina tropical e de África (Mitchell e Hanstad, 2004) e podem ser encontradas em quase todas as ecozonas tropicais e subtropicais onde predominam os sistemas de subsistência de uso da terra (Nair, 1993 citado em Mitchel e Hanstad, 2004).

Ao longo do gradiente de intensificação, as hortas caseiras estão próximas das florestas tropicais (Fig.1). Os agroecossistemas das hortas caseiras são os mais complexos e diversificados, o que demonstra a sua aptidão para cumprir funções ecológicas. No contínuo de monocultura florestal, as hortas caseiras estão localizadas longe dos sistemas de produção comercial orientados para o mercado; no entanto, isto não indica necessariamente que sejam economicamente menos atractivas. Por outro lado, muitas hortas caseiras nos trópicos são economicamente mais práticas do que outros sistemas de uso da terra nas regiões. Isto deve-se à presença de culturas de rendimento de alto valor nelas incluídas. Por exemplo, as hortas caseiras dominadas pelo coco em Kerala (Nair e Sreedharan, 1986; Kumar *et al.,* 1994) e Kandy (Jacob e Alles, 1987; McConnel, 1992) e as hortas caseiras baseadas no café na África Oriental (Fernandes *et al.,* 1984; Odoul e Aluma, 1990; Zemede Asfaw, 1997, 2004).

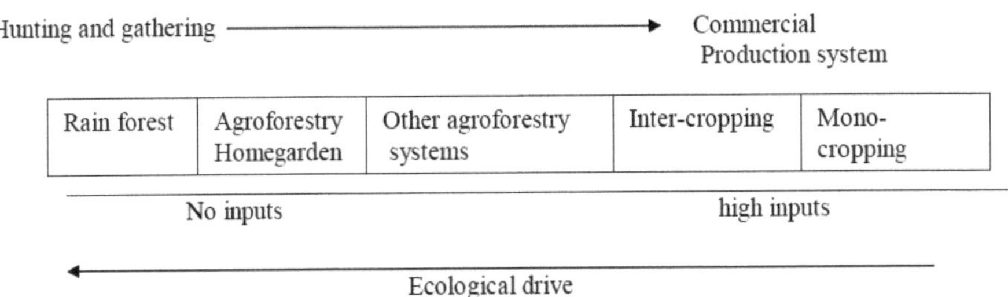


Fig.1 Um continuum de sistemas de utilização dos solos e de diversidade de espécies, juntamente com gradientes de impulsos ecológicos e socioeconómicos (Fonte: Tesfaye Abebe, 2005)

De acordo com Fernandes e Nair (1986), as hortas caseiras são práticas de uso da terra que envolvem a gestão deliberada de árvores e arbustos polivalentes em associação intermédia com culturas agrícolas anuais e perenes e, invariavelmente, com gado dentro de complexos de casas individuais, sendo toda a unidade cultura-árvore-animal gerida pela mão de obra familiar. Dois tipos de hortas caseiras são identificados nos trópicos com base na sua contribuição para o benefício das famílias. Os primeiros são sistemas de produção alimentar suplementar em pequena escala à volta das casas, em áreas onde a subsistência dos proprietários se baseia noutros usos da terra ou noutras actividades. As hortas caseiras desta categoria incluem uma vasta gama de hortas rurais, semi-urbanas e urbanas. As conhecidas hortas caseiras de Java que complementam a produção de arroz de monocultura e a maioria das hortas caseiras da América Latina pertencem a esta categoria (Marten e Abdoellah, 1988; Clerk e Castillo, 2000; Mendez e Sommariba, 2001).

A segunda categoria de hortas caseiras estende-se a partir dos campos à volta das casas que constituem o principal meio de subsistência das famílias de agricultores. A maioria das hortas caseiras nas terras altas da África Oriental (Rugalema *et al.,* 1994; Zemede Asfaw, 2004) pertencem a esta categoria.

As hortas caseiras encontram-se em todos os trópicos; no entanto, estão normalmente confinadas às terras baixas húmidas. Além disso, também ocorrem em várias regiões tropicais de planalto. O nosso país, a Etiópia, é um dos países tropicais onde as hortas caseiras são predominantes nas terras altas. Neste país, existem os dois tipos de hortas familiares. Nos sistemas agrícolas à base de cereais do centro e do norte da Etiópia, as culturas alimentares de base como *Eragrostis tef* (Zucc.) Trotter, *Hordeum vulgare* L., *Triticum sativum* L., e *Sorghum bicolor* L. são cultivadas em campos agrícolas exteriores, o que se enquadra na primeira categoria.

Por outro lado, os legumes, frutas e especiarias suplementares são cultivados em hortas caseiras. Estas hortas também são comuns nos sistemas agrícolas baseados em culturas perenes das terras altas do sul e sudoeste, que se enquadram na segunda categoria. Neste caso, as culturas alimentares de base, como a beterraba, a batata-doce e o milho, bem como outras culturas de rendimento e culturas alimentares, são cultivadas nas hortas caseiras, que constituem o principal meio de subsistência de quase todos os agregados familiares (Zemede Asfaw e Zerihun Woldu, 1997; Feleke Woldeyes, 2000; Zemede Asfaw, 2004; Tesfaye

Abebe, 2005) e as diferentes hortas caseiras têm diferentes padrões biofísicos e de distribuição. As hortas caseiras foram documentadas desde o nível do mar até 3000 m, com um tamanho que varia de 0,01 a 4 ha. A precipitação anual registada variou entre 700-4000 mm, o que mostra que foram registadas numa grande variedade de áreas ecológicas e geográficas (Quadro 1).

Quadro 1. Diferentes padrões biofísicos e de distribuição das hortas domésticas tropicais

| País | Região | Zona ecológica | Altitude (m) | Precipitação (mm/ano) | Área de HGs (ha) | Fontes |
|---|---|---|---|---|---|---|
| Nigéria | África | Planícies húmidas | 0-300 | 1250-4000 | 0.2-0.4 | Fernandes & Nair, 1986 |
| Norte e Noroeste da Tanzânia | África | Terras altas | 900-1900 | 1000-2100 | 0.2-1.2 | Fernandes *et al.*, 1984 ; Rugalema *et al.*, 1994 |
| Índia, Kerala | Sul Ásia | Terras baixas húmidas a latitudes médias | 0-1000 | 1000-3000 | 0.02-4.0 | Kumar *et al.*, 1994 |
| Uganda | África | Terras altas | 1000-2250 | 1000-2000 | 0.4-1.5 | Fernandes & Nair, 1986 |
| Sudoeste da Etiópia | África | Terras altas | 1500-2300 | 1000-2200 | | Westphal, 1975; Okgbo,1990 |
| Burquina Faso | África | Zonas semi-áridas a sub-húmidas | 200-500 | 700-900 | 0.1-0.8 | Fernandes & Nair, 1986 |
| Indonésia, Java, | Sudeste Asiático | Planícies húmidas | 0-700 | 1000-3000 | 0.01-3.0 | Michan e Mary, 1994 |

### 2.1.1 Diversidade de espécies em jardins domésticos

A diversidade, na sua definição, refere-se a muitas espécies diferentes e às suas interações, que ocorrem num pequeno espaço de uma só vez (Harmer, 1991) e, de facto, esta definição engloba o conceito de diversidade nas hortas caseiras, uma vez que existe uma grande diversidade de interações que ocorrem verticalmente, horizontalmente e temporalmente numa horta, muitas vezes com menos de um hectare. (Zemede Asfaw, 1997; Millat-e-Mustafa, 1998).

As hortas caseiras, uma das formas mais antigas de sistemas geridos de utilização da terra, são consideradas as mais ricas em diversidade de espécies por unidade de área. Várias variedades autóctones e cultivares, bem como espécies raras e ameaçadas de extinção, foram preservadas nas hortas caseiras (Eyzaguirre e Watson, 2002; Kumar e Nair, 2004). No entanto, a riqueza de espécies das hortas caseiras de uma região é influenciada pelo tamanho e estrutura da horta, pelas condições climáticas, pelo mercado e pelo contexto socioeconómico. Uma das caraterísticas típicas das hortas caseiras nas regiões tropicais é a presença de uma grande diversidade dos seus componentes, incluindo árvores, arbustos, legumes e espécies cultivadas, animais, bem como a disposição espacial desses componentes. Por exemplo, no oeste de Java foram registadas 56 espécies de plantas numa única horta doméstica e numa aldeia de 41 hortas domésticas o número de espécies atingiu 272 (Soemarwoto e Conway, 1991). No que respeita à diversidade genética, foi registada a presença de até 100 cultivares de banana nas hortas caseiras de Bukoba, na Tanzânia (Rugalema *et al.,* 1994).

Em muitas zonas ecológicas, as hortas caseiras constituem sistemas agrícolas e usos do solo com a maior biodiversidade (Okigbo, 1992) e a sua diversidade não se restringe apenas ao nível das espécies, mas também ocorre a nível intraespecífico. A diversidade de plantas nas hortas caseiras pode variar de uma horta para outra e entre diferentes regiões geográficas, sendo influenciada por factores ecológicos, sócio-económicos, sócio-culturais, individuais e políticos (Gassler *et al.,* 1997 citado em Feleke Woldeyes, 2000).

No entanto, as hortas caseiras contêm uma componente animal que consiste na produção de gado, aves de capoeira, abelhas e alguma vida selvagem, como aves, morcegos, insectos e gatos civetas, que desempenham um papel essencial em processos biológicos como a polinização, a hibridação natural e a dispersão de sementes (Michon e Mary, 1994).

### 2.1.2 Estrutura dos jardins domésticos e sua composição

A estrutura e a composição das hortas caseiras são o resultado do esforço dos jardineiros para maximizar o rendimento das suas terras, com base na compreensão das várias necessidades das espécies vegetais. O sistema começa com plantas de culturas anuais e progride através de diferentes estádios de complexidade até chegar a um ecossistema relativamente estável, constituído por árvores e culturas de sub-bosque altamente diversificadas (Feleke Woldeyes, 2000).

Nas regiões tropicais, o sistema é caracterizado por estratos de vegetação, imitando a estrutura da floresta tropical. O andar superior (estrato) é constituído por uma copa de árvores altas que reduz a radiação e o impacto mecânico da precipitação, cria um microclima relativamente constante nas camadas inferiores e, através da queda das folhas, contribui para a manutenção da fertilidade do solo. O estrato inferior é caracterizado pela produção de alimentos básicos e de frutos (por exemplo, banana, manga, papaia, etc.), seguida pelo crescimento ao nível do mato (por exemplo, mandioca, milho, pimentos, etc.) no terceiro estrato. As espécies subterrâneas e de cobertura do solo (raízes e tubérculos e outras) formam a última camada, enquanto as espécies trepadeiras atravessam os andares inferiores (Fernandes e Nair, 1986; Ninez, 1987; Zemede Asfaw, 2004). Embora as espécies compatíveis estejam misturadas, a disposição espacial das espécies parece carecer de ordem e padrão (Fernandes e Nair, 1986). Além disso, a disposição espacial nestes sistemas reflecte frequentemente a sua adaptação funcional numa multiplicidade de factores, incluindo a utilização de relações simbióticas planta- através de culturas mistas. A estrutura e a composição das hortas caseiras diferem de local para local, dependendo do ambiente ecológico e das funções sócio-económicas das diferentes economias domésticas (Wiersum, 1982; Christanty, 1985; Fernandes e Nair, 1986; Soemarwoto e Conway, 1991).

Na configuração do dossel em várias camadas dos jardins domésticos, a densidade de plantas e a riqueza de espécies é menor nos estratos superiores. Este facto cria um gradiente de intensidade e qualidade da luz ao longo dos estratos inferiores e diferentes espécies florescem nestes estratos, onde as regiões de luz lhes convêm melhor do que aos seus associados. A percentagem de cobertura do dossel nas hortas caseiras está inversamente relacionada com o tamanho da exploração, ou seja, a intensidade do uso do espaço vertical é menor nas explorações maiores e maior nas explorações mais pequenas; e isto é o resultado da tentativa do agricultor de maximizar a produtividade das suas pequenas hortas, explorando o espaço o melhor possível (Feleke Woldeyes, 2000).

Por outro lado, a estrutura e a função das hortas caseiras estão inter-relacionadas e a estrutura pode variar de um lugar para outro e mudar de tempos a tempos, sendo influenciada por factores como o tipo de solo, o clima, a altitude, as necessidades dos proprietários, o estatuto social e os antecedentes culturais (Abdoellah, 1990; Karyono, 1990).

### 2.1.3 Contribuição da horta doméstica para a alimentação e a nutrição

As frutas e os legumes das hortas contribuem para uma dieta equilibrada, fornecendo alimentos ricos em energia e nutrientes protectores vitais, como minerais e vitaminas, às sociedades rurais (Zemede Asfaw, 1997; Kumar e Nair, 2004; Pulami e Paudal, 2004; Bashir Jama *et al.*, 2006). No entanto, a qualidade e a utilização das proteínas animais são superiores às das proteínas vegetais e contêm aminoácidos essenciais. Assim, a utilização de proteínas animais juntamente com proteínas vegetais é vital na dieta diária humana, embora não seja fácil para as comunidades rurais pobres. De acordo com estudos efectuados no Nepal (Kumar e Nair, 2004), o peixe e os produtos lácteos provenientes de hortas caseiras são boas fontes de proteínas. Além disso, no mesmo país, podem obter-se alimentos nutritivos a partir da produção de cogumelos e da criação de abelhas, que requerem menos área na horta doméstica.

Com base numa revisão exaustiva da literatura, Torquebiau (1992) concluiu que os alimentos provenientes das hortas caseiras representavam 3% a 44% do total de calorias e 4% a 32% da ingestão de proteínas. No entanto, é necessário notar que as hortas caseiras raramente satisfazem a totalidade das necessidades alimentares básicas da família numa determinada área (Agelet, 2000). Por outro lado, as hortas caseiras desempenham um papel vital na contribuição para a segurança alimentar. Embora a definição de segurança alimentar envolva o reforço da segurança dos meios de subsistência de todos os membros de um agregado familiar, garantindo o acesso físico e económico a uma dieta equilibrada, incluindo os micronutrientes necessários, água potável, saneamento ambiental, cuidados básicos de saúde e educação primária, as hortas caseiras complementam muito a segurança alimentar em comparação com as terras agrícolas com baixa diversidade de plantas (Torquebiau, 1992).

No caso da Etiópia, as famílias rurais produzem os seus próprios alimentos em hortas caseiras e campos agrícolas e compram produtos alimentares no mercado. A maior parte da agricultura de pequena escala na Etiópia é caracterizada por sistemas agrícolas mistos que combinam a produção animal e vegetal (incluindo o papel das hortas caseiras). Os produtos são utilizados tanto para consumo doméstico como para venda no mercado. Nas zonas de produção de culturas de rendimento (hortas caseiras e campos agrícolas), os agricultores vendem café, chat, fruta e legumes (Zemede Asfaw, 1997; Berhanu Adenew, 2004; Tesfaye Abebe, 2005). Depois de venderem as culturas de rendimento, compram cereais no mercado para satisfazer a procura de alimentos para o agregado familiar. Para eles, a eficácia do sistema de mercado alimentar é tão vital como a fiabilidade da produção alimentar para uso pessoal (Berhanu Adenew, 2004).

Em Java, na Indonésia, as condições climatéricas indicam que os proprietários de hortas domésticas têm algo disponível para colher ao longo do ano, quer para consumo, quer para indústria doméstica, quer para venda. Esta disponibilidade é especialmente importante para a estabilidade económica das famílias pobres, particularmente durante o período entre colheitas de arroz (Soemarwoto, 1985 citado em Mitchell e Hanstad, 2004). Um estudo pormenorizado dos agregados familiares russos concluiu que para os agregados familiares mais pobres, que representam aproximadamente 20% de todos os agregados familiares russos, *"a horta é absolutamente necessária, servindo como seguro contra a insegurança alimentar (Seeth et al.,* 1998). As hortas caseiras podem tornar-se a principal fonte de alimentação e de rendimento das famílias durante os períodos de stress, como aconteceu em Kampala, no Uganda, após a guerra civil, onde a agricultura urbana terá alimentado substancialmente a cidade (Shankar *et al.*, 1998). No contexto de um estudo sobre as famílias pobres em *Kerala,* na Índia, observou-se que a produção de hortas domésticas tem um *"efeito amortecedor* sobre o consumo das famílias quando há quebras no rendimento salarial".

### 2.1.4 Agro-biodiversidade da horta doméstica e conhecimentos indígenas

A biodiversidade agrícola (agrobiodiversidade) é definida como a variedade e variabilidade de plantas, animais e microrganismos a nível genético, de espécies e de ecossistemas, envolvendo todo o agro-ecossistema que é ativamente gerido pelos agricultores (Cromwell *et* al., 1999). É também uma caraterística fundamental dos sistemas agrícolas e engloba vários tipos de recursos biológicos ligados à agricultura. Estes incluem plantas e culturas comestíveis (variedades e cultivares tradicionais, híbridos e material genético desenvolvido por criadores), gado e recursos genéticos, todos eles recursos biológicos associados à agricultura. Do mesmo modo, os organismos do solo vitais para a fertilidade do solo, como as bactérias e os fungos, e os insectos naturais que controlam as pragas e as doenças das plantas e dos animais domesticados também fazem parte da agrobiodiversidade. Os componentes e tipos de agro-ecossistemas tradicionais (policulturais/monoculturais, pequena/grande escala, alimentados pela chuva/irrigados) essenciais para o ciclo de nutrientes, a estabilidade e a produtividade, os recursos selvagens dos habitats e paisagens naturais podem fornecer funções e serviços ecossistémicos (Altieri, 1999; Thrupp, 2000).

Entre outras, as hortas caseiras são consideradas uma fonte rica de agrobiodivesidade, especialmente no que respeita à diversidade vegetal. Isto deve-se ao facto de que as hortas caseiras são cultivadas pelo método orgânico, de modo que muitas são ricas em espécies de culturas, variedades e raças (Brookfield, 2001). Assim, as hortas caseiras contribuíram muito para a segurança alimentar e outros suplementos para as famílias. Por exemplo, na sociedade húngara, o sistema fornece à família produtos agrícolas que contribuem com cor, sabor e nutrientes para as dietas da população rural e urbana (Biroh *et al.,* 2004; Seeth *et al.,* 1998). O mesmo se aplica à Etiópia (Berhanu Adnew, 2004). No entanto, grande parte da biodiversidade agrícola que permanece *in situ* atualmente encontra-se nas explorações agrícolas de pequena escala e nas hortas caseiras de quintal (Brookfield, 2001; Brookfield *et al.,* 2002; IPGRI, 2003).

O conhecimento indígena, nos últimos anos, é visto como uma discussão fundamental para as práticas de gestão da agrodiversidade. Essas ideias estimularam a consciência de que a conservação da agrobiodiversidade deve incluir a preservação do conhecimento indígena, da diversidade cultural e dos povos indígenas. Por conseguinte, os programas de conservação da biodiversidade, incluindo a agrobiodiversidade, devem tomar os povos indígenas como ponto de partida. Atualmente, cada vez mais conservacionistas acreditam que os esforços de conservação que não são apoiados pelos povos indígenas que vivem nas áreas circundantes onde os sítios de conservação são demarcados fracassam (Martinet e McNeely, 1992). Por conseguinte, a recolha de informações sobre o conhecimento indígena é útil para a conservação da biodiversidade, incluindo a diversidade vegetal, e pode ser extraída de informações baseadas em agroecossistemas indígenas, sistemas agroflorestais e sistemas pastoris através de estudos etnobotânicos.

No entanto, os agricultores utilizam a agrobiodiversidade das hortas caseiras e os conhecimentos etnobotânicos que lhe estão associados para atingir os objectivos de subsistência, como a segurança alimentar do agregado familiar, a geração de rendimentos, a gestão de riscos e a utilização optimizada da terra, do trabalho e do capital disponíveis. De facto, a manutenção dos conhecimentos indígenas e da agrobiodiversidade das hortas caseiras é uma parte crucial da sociedade rural (Mitchell e Hanstad, 2004). Os agricultores adaptam os seus sistemas agrícolas para responder à evolução das suas necessidades e capacidades. Assim, os meios de subsistência dependem do acesso a uma "reserva" significativa de agrobiodiversidade e de conhecimentos indígenas. A agrobiodiversidade e os conhecimentos indígenas locais são factores importantes para melhorar os meios de subsistência rurais, contribuindo para a segurança alimentar e nutricional, o alívio medicinal e a geração de rendimentos (Altieri, 1999; Thrupp, 2000; Mitchell e Hanstad, 2004).

Assim, a informação etnobotânica local pode ser conservada como parte do sistema cultural, ajudando a manter um sentimento de orgulho nos conhecimentos e práticas culturais locais. Por conseguinte, o reforço da ligação entre as comunidades e os recursos vegetais é tão essencial para a conservação da agrobiodiversidade como parte da conservação da biodiversidade (Martin, 1995). A etnobotânica tenta descobrir como as pessoas utilizaram tradicionalmente os recursos vegetais para quaisquer fins e como ainda o fazem. Isto significa que tenta preservar conhecimentos indígenas valiosos tanto para as gerações futuras como para outras comunidades. Desta forma, a etnobotânica desempenha um papel fundamental na recolha e documentação de informações sobre diferentes grupos socioculturais, que têm diferentes sistemas de hortas caseiras, e na recuperação da sua agrobiodiversidade e dos conhecimentos indígenas em vias de desaparecimento (Martin e Semple, 1994).

## 2.2 Práticas agroflorestais em hortas caseiras na Etiópia

A Etiópia é um dos países tropicais que têm praticado sistemas agroflorestais de hortas caseiras no corno de África. A Etiópia é um centro de origem ou diversidade de muitas culturas cultivadas e dos seus parentes selvagens infestantes, tal como descrito por Vavilov (1951). Segundo ele, este país é um dos 12 centros Vavilov de diversidade de culturas. Por exemplo, a Etiópia tem uma diversidade genética muito elevada em quatro das culturas alimentares mais cultivadas no mundo (trigo, cevada, sorgo, ervilhas). Do mesmo modo, o país possui uma elevada diversidade genética em três das culturas industriais mais importantes do mundo (linhaça, rícino e algodão) e na cultura de rendimento mais importante do mundo (café). Além disso, um certo número de culturas alimentares de importância regional ou local (teff, painço, feijão-frade, lentilhas, beterraba) e um certo número de grupos de plantas forrageiras de importância mundial (trevos, luzerna, aveia, etc.) apresentam uma elevada diversidade genética (Harlan, 1969).

As variações na cultura, nas condições climáticas e nos factores edáficos levaram ao desenvolvimento de numerosos sistemas agrícolas e de variedades locais de culturas originadas e continuamente mantidas em várias partes do país. A longa história de domesticação, adoção e difusão de culturas é ainda um processo em curso na Etiópia (Shewaye Deriba *et al.*, 2002). O cultivo de plantas para fins alimentares, medicinais e outros em hortas caseiras contribuiu para o progresso dos humanos pré-históricos (Zemede Asfaw, 1997; Belachew Wassihun *et al.*, 2003). Os seres humanos têm uma longa história de coexistência com as plantas e o cultivo sistemático de plantas para alimentação e outros fins começou após a adoção de uma existência sedentária. Espécies vegetais diversificadas preencheram gradualmente nichos no novo ambiente devido à alteração da utilização dos solos. Muitas plantas passaram a estar associadas a ambientes próximos das habitações humanas em casa ou na cozinha (Borthakur *et al.*, 1998; Zemede Asfaw, 2002).

Segundo Zemede Asfaw e Ayele Nigatu (1995), a horticultura doméstica na Etiópia é tão antiga como a agricultura; estima-se que esta última tenha começado há cerca de 7000 anos. Na antiga Etiópia, os frutos domesticados e silvestres constituíam a principal alimentação das freiras, monges, eremitas e guerreiros. A prática da jardinagem foi intensificada e algumas plantas cultivadas foram introduzidas (Zemede Asfaw e Ayele Nigatu, 1995). Assim, nos tempos antigos, continuou a tradição de cultivar frutos, plantas ornamentais, medicinais e outras plantas úteis à volta das habitações humanas. A produção de frutas, legumes e cereais em hortas caseiras tem uma longa tradição na Etiópia. Em geral, as hortas caseiras são caracterizadas por diferentes estratos de vegetação, compostos por árvores, arbustos e ervas, em associação com culturas agrícolas anuais e perenes e pequenos animais nos recintos das casas. Normalmente, toda a unidade árvore-cultura-animal é gerida de forma intensiva pela mão de obra familiar (Wezel e Bender, 2003; Agniihotri *et al.*, 2006).

Belachew Wassihun *et al.* (2003) descreveram o papel da conservação *in situ* na preservação dos sistemas agrícolas tradicionais, das espécies e dos conhecimentos indígenas contra a exploração indevida. Este agroecossistema é um refúgio para espécies selvagens que estão ameaçadas na natureza devido à desflorestação e às alterações ambientais. Também proporciona um ambiente favorável e altamente protegido para as variedades locais que tiveram dificuldades em competir com as cultivares introduzidas ou geneticamente melhoradas. Além disso, a horta doméstica é a área utilizada como local de trabalho, para armazenamento e transformação de produtos agrícolas. Além disso, é o local onde as pessoas vivem e eliminam os resíduos (Agnihotri *et al.*, 2006).

A observação e o estudo de hortas tradicionais em várias culturas e climas evidenciam algumas caraterísticas regionais. Assim, as hortas são locais de conservação de espécies vegetais indígenas, plantas comestíveis e úteis, domesticadas e semi-selvagens, e reflectem as preferências culturais dos povos indígenas. Não é surpreendente notar que, na atual situação económica da Etiópia, as hortas caseiras tendem a ser as mais importantes para os pobres que são propensos à insegurança alimentar (Shewaye Deriba *et al.*, 2002).

De acordo com Westphal (1975), existem quatro sistemas agrícolas principais na Etiópia: pastorícia, cultura itinerante, cultura à base de cereais e cultura à base de beterraba. Entre os sistemas agrícolas acima referidos, a cultura mista à base de sementes de alfinete está muito provavelmente ligada ao sistema agroflorestal de hortas caseiras no sul da Etiópia. Nas terras altas do sul e do sudoeste da Etiópia, existe uma prática importante do sistema agroflorestal de hortas familiares. Por exemplo, nas altitudes de 1600-2300 m a.s.l., as hortas caseiras são complexas na composição e estrutura das espécies devido às condições de humidade e temperatura mais favoráveis para a agricultura. Na faixa mencionada acima, as hortas caseiras são caracterizadas por uma combinação única de duas culturas perenes dominantes, nomeadamente, a beterraba e o café (Tesfaye Abebe, 2005).

As pessoas utilizam a algaroba como alimento básico em Sidama e Gurage e como co-base com cereais e tubérculos em *Gamo, Hadya, Wolayta* e *Ari*, entre outros grupos da SNNPR (Brandt *et al.*, 1997; Zemede Asfaw e Zerihun Woldu, 1997; Zemede Asfaw, 1997, 2004). A alfarroba *(Ensete ventricosum* (Welw.) Cheesman) é uma cultura herbácea multifuncional milagrosa e um alimento básico para mais de 10 milhões de pessoas no sul da Etiópia. Na época da fome, os alimentos podem ser extraídos do seu psuedostem e do seu cormo, e os seus subprodutos, bem como outras partes, servem de fibra, material de embalagem, forragem, sombra e manutenção da fertilidade do solo. O café (*Coffea arabica* L.) é outra cultura importante, não só utilizada como cultura de rendimento, mas também como consumo doméstico na região. Isso significa que o café produzido nos sistemas agroflorestais de hortas caseiras serve como um dos principais ganhadores de moeda estrangeira do próprio país e da região. Subsequentemente, estes sistemas agroflorestais garantem a segurança alimentar na região e desempenham um papel significativo nas economias regionais e nacionais, além de terem uma grande contribuição para a resiliência ambiental (Brand *et al.,* 1997; Tesfaye Abebe, 2005).

Por outro lado, os outros componentes dos agroecossistemas multi-espécies incluem o chat (*Catha edulis*), que é um estimulante suave, raízes e tubérculos, frutos, legumes, cereais, especiarias e outras culturas. Além disso, o gado é mantido nas hortas e são cultivadas diferentes espécies de árvores para servir funções produtivas e de proteção. As hortas caseiras no Sul da Etiópia constituem a maior parte das áreas de produção de café de alfinete e não são claramente conhecidas.

Tesfaye Abebe (2005) indicou que na SNNPR, um total de 1,89 milhões de hectares de terra é cultivado, dos quais a área de café e de algaroba, e as culturas frequentemente cultivadas em associação com eles, tais como frutas e legumes, raízes, tubérculos e leguminosas, é estimada em 576.000 hectares. Nesta região, presume-se que estas hortas caseiras são sistemas agrícolas estáveis durante séculos, sustentando populações que têm densidades de até 600 pessoas/$km^2$ . A diversidade dos sistemas agroflorestais das hortas caseiras e a capacidade da beterraba de produzir uma quantidade relativamente grande de alimentos por unidade de área podem ser os principais factores que contribuem para esta estabilidade. Além disso, Okgbo (1990) descreveu a estrutura física e a composição vegetal dos sistemas agro-florestais de hortas caseiras no Sul da Etiópia, revelando uma tradição altamente desenvolvida e complexa.

# CAPÍTULO 3. DESCRIÇÃO DA ZONA DE ESTUDO

## 2.3 Localização geográfica

A área de estudo situa-se no sul da Etiópia, entre as coordenadas geográficas 6.4°-7.1° N e 37.4°-38.2° E e a 390 km a sul de Adis Abeba, a capital da Etiópia. A área de estudo, a *Zona de Wolayta,* situa-se na SNNPR, delimitada pela *Zona de Kambata-Tambaro* (KT), *Alaba Special Woreda* (ASW) e Hadiya (HA) no Norte, *Zona de Gamo Gofa* (GG) no Sul, *Zona de Sidama* (SZ) no Leste, *Zona de Dawro* (DZ) no Oeste e Região de Oromia (OR) no Sudeste e Nordeste, com uma área total de 438 370 hectares (Fig. 2).

## 2.4 Topografia

A topografia da *zona de Wolayta* na SNNPR é caracterizada por planícies, planaltos, colinas e sistemas montanhosos acidentados. A amplitude altitudinal desta zona estende-se de 1200 m acima do nível do mar a 2950 m acima do nível do mar (WZSEP, 2005). A topografia de todos os Woredas selecionados para o presente estudo; Humbo (HU), Boloso Sore (BS), Damot Gale (DG), Damot Woyde (DW) desta zona é também caracterizada por terras altas e baixas com áreas de elevação intermédia (Fig.2).

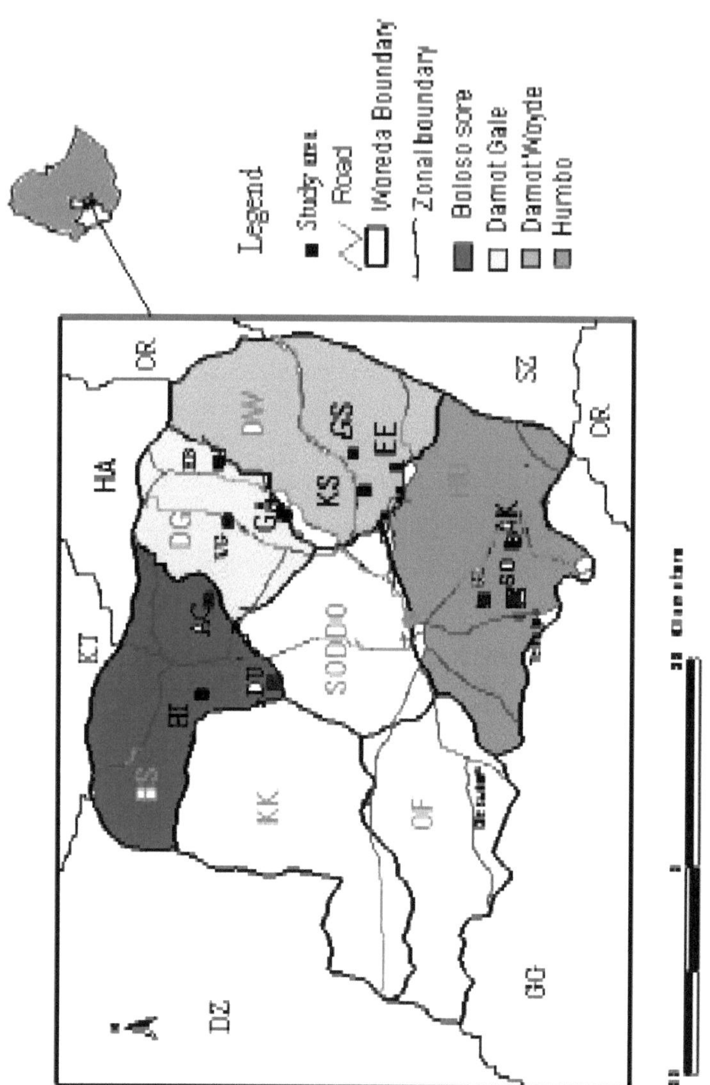


**Nota:** As formas alargadas de PAs são apresentadas no Quadro 3

Fig. 2 Mapa da zona de Wolayta mostrando o local de amostragem

### 3.3 Clima

Na zona de *Wolayta*, existem três zonas agroecológicas tradicionais, nomeadamente *Kolla, Woyna Dega* e *Dega.* Das zonas agroecológicas acima referidas na área, a maior parte é coberta por *Woyna Dega*, que representa 56% da área total. Por outro lado, *Kolla* e *Dega* representam cerca de 35% e 9% da área total, respetivamente. Os dados climáticos, temperatura e precipitação da área de estudo para os últimos 10 anos (1997-2006) são apresentados na Fig.3. A média anual das temperaturas mínima e máxima é de 15,5 $C^0$ e 24,5 $C^0$. As temperaturas máximas e mínimas médias anuais foram registadas em fevereiro e julho, respetivamente, nos últimos 10 anos. A precipitação média anual total é de 1000 a 1270 mm na área de estudo e a precipitação mais elevada registada ocorre sobretudo em agosto de cada ano. Apesar de haver grandes variações na quantidade de precipitação entre anos, a área tem duas estações principais: *Belg* (março-maio) e *Meher* (junho-outubro). Isto significa que a queda de chuva é bimodal, com uma estação de chuva curta *(Belg)* e uma estação de chuva longa *(Meher)* nas áreas de estudo. No entanto, o fator determinante para a variação do clima na área é a variação da altitude que varia entre 2000 m e acima nas terras altas e 1250 m e abaixo nas terras baixas (WZSEP, 2005; Eyasu Elias e Scoones, 1999).

Atualmente, com base nos elementos ecológicos básicos de clima, fisiografia, solos, vegetação e sistemas agrícolas, (Mo A, 2000) classificou 18 zonas agroecológicas principais (AEZ) da Etiópia. Estas zonas agroecológicas são delineadas e designadas por termos que descrevem as condições gerais de humidade e elevação das áreas. Das AEZs da Etiópia, *a zona de Wolayta* encontra-se na categoria de planícies sub-húmidas quentes a mornas (SH1), terras altas médias semi-áridas tépidas a frias (SA2) e terras altas médias húmidas tépidas a frias e húmidas (M2).

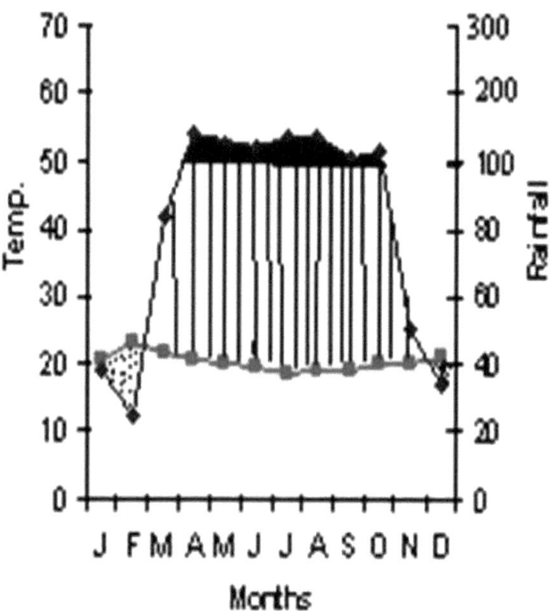


Fig.3 Climadiagrama da *zona de Wolayta* (os períodos secos estão a tracejado, os períodos húmidos estão a negro, com base em dados de 10 anos da Agência Nacional de Serviços Meteorológicos (NMSA), 1997-2006).

### 3.4 Solo

Os tipos de solo da zona de *Wolayta* estão agrupados em solos basálticos negros e solos castanhos basálticos vermelhos. Mais de 2/3 desta área é dominada por nitossolos vulcânicos. Estes solos têm boas propriedades físicas, incluindo boa textura e capacidade de retenção de água. Têm teores de argila que variam entre 35-55% e podem ser altamente férteis. No entanto, muitas áreas foram esgotadas pelo cultivo contínuo e pelos efeitos da lixiviação e da erosão. Para além disso, os solos desta área sofrem frequentemente de deficiências significativas de fósforo devido à fixação (Eyasu Elias e Scoones, 1999).

### 3.5 Vegetação

Uma vez que não existe qualquer trabalho efectuado sobre os tipos de vegetação que dominam *a zona de Wolayta*, é difícil fazer uma descrição clara dos tipos de vegetação. No entanto, o que é claro é que, devido à expansão da agricultura, a vegetação que existia no passado foi alterada pelas actividades humanas. Atualmente, a área está quase vazia, com pouca cobertura vegetal. No entanto, algumas partes da zona de *Wolayta* são dominadas por algumas espécies de plantas. Por exemplo, o tipo de vegetação dominado *por Acacia* encontra-se em *Damot Woyde,* a 27 km a sudeste da cidade de *Wolayta* Soddo (Fig.4), e o tipo de vegetação dominado por *Syzigium guineense, Teclea nobilis, Ackokanthera shimperi, Combretum spp. e Croton macrostachyus* ao longo do caminho para *Kindo Koisha*, a 37 km a sudoeste da cidade de *Wolayta Soddo* (Fig.5 e 6). Nas terras altas, onde as hortas caseiras com culturas perenes são dominantes, há árvores remanescentes que incluem *Cordia africana, Podocarpus falcatus* e *Milletia ferruginea* na área.

Fig.4 Tipo de vegetação dominada por *Acacia spp.*, foto de *Damot Woyde* woreda

Fig. 5 Tipo de vegetação dominada por Syzigium guineense, Foto de Kindo Koisha

Fig.6 Tipo de vegetação dominada por *Commiphora spp.*, foto de *Kindo Koisha*

## 3.6 População e padrão de utilização dos solos

### 3.6.1 População

A distribuição da população na *zona de Wolayta* é desigual. Nas zonas agro-ecológicas *de Dega* e *Woyna Dega*, observam-se povoações densas devido às condições climáticas favoráveis, mas nas zonas agro-ecológicas *de Kolla* a população é escassa devido às condições climáticas desfavoráveis e às doenças prevalecentes no homem e nos animais vivos. Cerca de 75,6% da população total vive em *Woyna Dega*, enquanto 13,9% e 10,5% se encontram em *Dega* e *Kolla*, respetivamente. Isto indica que 75,6% da população total vive em 245487,2 ha. de terra (56%) da área total. Diferentes woredas desta zona têm diferentes distribuições e densidades populacionais. Por exemplo, woredas como *Damot Gale, Boloso Sore* e *Sodo Zuria* são densamente povoados e outros como *Humbo, Kindo Koisha, Damot Woyde e Offa* são relativamente menos densos. A densidade populacional mais elevada da *Zona de Wolayta* é de 750 pessoas/km$^2$ em *Damot Gale Woreda*, enquanto a mais baixa é de 214 pessoas/km em *Kindo Koisha Woreda* (WZSEP, 2005) (Ver quadro 2).

Tabela 2. A área total, o padrão de uso da terra e a densidade populacional de sete woredas.

| Woreda | BS | DG | DW | HU | KK | OF | SZ | Total |
|---|---|---|---|---|---|---|---|---|
| Área total /ha/ | 57128 | 39626 | 78195 | 86646 | 77641 | 54372 | 48125 | 438370 |
| Terras cultivadas | 42672 | 29272 | 38163 | 35057 | 48677 | 14299 | 27687 | 235828 |
| Terras cultiváveis | 491 | 0 | 8358 | 1010 | 5703.5 | 1090 | 370 | 17022 |

| | | | | | | | | |
|---|---|---|---|---|---|---|---|---|
| Terra de pastagem | 4258 | 2756 | 5470 | 8585 | 12227 | 10766 | 4020 | 48082 |
| Terrenos florestais/arbustos | 6303 | 3503 | 18491 | 24845 | 8047 | 26224 | 4020 | 91427 |
| Outros usos do solo | 3391 | 4095 | 3500 | 5149 | 2632 | 1795 | 1148 | 31710 |
| Terras irrigáveis | 400 | 0 | 1292 | 512 | 250 | 171 | 231 | 2741 |
| Terras atualmente irrigadas | 361 | 0 | 1025 | 257 | 160335 | 171 | 100 | 1835 |
| Densidade populacional/km$^2$ | 637 | 750 | 390 | 289 | 214 | 285 | 38 | 360 |

**Nota**: BS= Boloso Sore, DG= Damot Gale, DW= Damot Woyde, HU= Humbo, KK= Kindo Koisha, OF = Offa SZ= Soddo Zuria woredas (**Fonte**: WZSEP (2005))

A densidade média da população na *Zona de Wolayta* é de 350 pessoas/km$^2$ e a população total foi considerada como sendo superior a 1,5 milhões em 2005. A população da *Zona de Wolayta* está a aumentar a um ritmo alarmante (com uma taxa de crescimento de 3 %) de ano para ano, de acordo com o WZSEP (2005). O aumento da população aumenta a procura de alimentos, terra arável, água, madeira para construção, energia e outros. Para obter alimentos suplementares, cultivam culturas/plantas de crescimento rápido e resistentes à seca nas suas hortas caseiras, embora algumas das populações dependam de culturas de subsistência alimentadas pela chuva.

### 3.6.2 Padrão de uso do solo

Como mencionado acima, a área total da *Zona de Wolayta* é de cerca de 438.370 hectares e os agricultores na área usam as suas terras para o cultivo de culturas, pastagem de gado e cultivo de árvores. Da área total da Zona, 51,7% é cultivada, 6,4% é cultivável, 11,9% é pastagem, 16,5% é coberta por florestas e arbustos e 12,8% é usada para outros usos da terra. A média máxima e mínima das propriedades de terra dos agregados familiares é de 0,5 e 0,125 hectares, respetivamente. Em geral, o povo *Wolayta* pratica uma agricultura tradicional que representa mais de 95% da atividade económica da região. Os bois são parte integrante dos sistemas agrícolas em toda a zona. As pessoas da zona praticam a agricultura de sequeiro, para além da irrigação em pequena escala que ocorre em algumas áreas da zona.

Os factores determinantes que regem o padrão de uso da terra de um agregado familiar são o tamanho da propriedade da terra, a disponibilidade de mão de obra, a disponibilidade de bois de lavoura e o nível de rendimento do agregado familiar. Estes constrangimentos prevalecentes na zona levam à produção de produtos alimentares insuficientes para alimentar os membros do agregado familiar ao longo do ano. Portanto, os agricultores que não têm bois de arado alugam as suas pequenas terras agrícolas numa base de partilha de culturas, que é conhecida localmente como *kotta*, para reduzir a insegurança alimentar sazonal existente (FARM-Africa, 2005; WZSEP, 2005). Na *zona de Wolayta,* existem dois sistemas de cultivo principais, nomeadamente a horta doméstica e o cultivo no campo. Embora o tamanho da horta doméstica não seja muito grande, uma cultura de horta contém culturas perenes nutritivas altamente valorizadas, tais como enset e diferentes variedades de repolhos, pimenta verde cultivada a partir da natureza e outras próximas da horta doméstica. Além disso, a cultura perene de rendimento, o café, encontra-se entre as plantas da horta doméstica. No entanto, as práticas de cultivo no campo estão mais ou menos longe das casas e contêm milho, sorgo, cevada, teff, leguminosas, batata-doce, e alguns agricultores consideram todo o campo como horta doméstica devido ao seu pequeno tamanho (FARM-Africa, 2005).

# CAPÍTULO 4. MATERIAIS E MÉTODOS

## 4.1 Recolha de dados no terreno

### 4.1.1 Dados sobre a vegetação

No início de setembro de 2006, foi feito um inquérito de reconhecimento para selecionar aldeias de agricultores na *zona de Wolayta* para o estudo. Entre os sete *Woredas* da zona, quatro foram selecionados aleatoriamente para o presente estudo. Estas são *Damot Woyde, Damot Gale, Boloso Sore e Humbo.* Três Associações de Camponeses (AP) de cada *Woreda* foram amostradas aleatoriamente e 5 hortas caseiras de cada AP foram selecionadas através de um método de amostragem sistemático. A altitude e a localização geográfica de cada aldeia foram especificadas com recurso a GPS e foi também utilizada uma câmara digital para tirar uma fotografia representativa das plantas da zona (Quadro 3)

Quadro 3 Localização geográfica e amplitude altitudinal dos sítios de investigação

| PA (Sítios) | *Woreda* | Localização dos sítios | | Altitude (m) |
|---|---|---|---|---|
| | | Latitude | Longitude | |
| *Gututo Larena*(GL) | *Humbo* | 06°46'05.4 "N | 037$^0$ 46' 01.9 "E | 1800-1850 |
| *ShochoraOgodama* (SO) | *Humbo* | 06$^0$48'05.2" N | 037$^0$48'07.1 "E | 1790-1810 |
| *Ampo Koisha* (AK) | *Humbo* | 06$^0$49'08.3 "N | 037$^0$49'58.4 "E | 1600-1740 |
| *Dubo* (DU) | *Boloso Sore* | 07$^0$04'15.2 "N | 03 7$^0$45'57.0 "E | 1700-1780 |
| *Achura* (AC) | *Boloso Sore* | 07$^0$09'15.0 "N | 03 7$^0$41'57.0 "E | 1690-1710 |
| *Himbecho* (HI) | *Boloso Sore* | 07$^0$08'24.3 "N | 03 7$^0$40'56.5 "E | 1650-1700 |
| *Woshe Gale* (WG) | *Damot Gale* | 06$^0$54'35.2 "N | 03 7$^0$48'50.0 "E | 1900-2300 |
| *Harto Burkito* (HB) | *Damot Gale* | 07$^0$05'20.4 "N | 03 7$^0$57'56.2 "E | 1800-1860 |
| *Gacheno* (GA) | *Damot Gale* | 07$^0$01'28.2 "N | 03 7$^0$55'09.9 "E | 1820-1880 |
| *Elo Erasho* (EE) | *Damot woyde* | 06°48'04.3 "N | 037°49'05.5 "E | 1410-1550 |
| *Saquê Galcha* (GS) | *Damot woyde* | 06°56'34.4 "N | 037°55'29.9 "E | 1780-1880 |
| *Koyo Sake* (KS) | *Damot woyde* | 06°55'03.9 "N | 037°56'09.4 "E | 1800-1850 |

**Fonte**: Resultado do inquérito

A recolha de dados foi efectuada entre outubro de 2006 e abril de 2007 na área de estudo. O tamanho, a posição e a forma das hortas caseiras variam de uma AP para outra. Foram selecionadas sessenta hortas familiares (15 de cada *Woreda)* e, devido à homogeneidade da vegetação, foi estabelecida uma parcela de amostragem de dois, 5 m X 5 m (25 $m^2$ ) em cada horta familiar. Neste estudo, o número total de associações de camponeses (APs) amostradas em quatro woredas foi de 12. Os indivíduos contados de cada espécie de planta, usos e hábitos numa parcela de amostra foram registados e a percentagem de cobertura foi também estimada. Os valores de cobertura percentual, estimados durante o registo das espécies em cada parcela de amostragem, foram convertidos em valores de abundância de cobertura de acordo com uma escala de Braun-Blanquet modificada de 1-9 (Van der Maarel, 1979) (Quadro 4)

Tabela 4. Escala de Braun-Blanquet modificada para valores de abundância de coberto

| Escala | Valores de abundância de coberto |
|---|---|
| 1 | Raro |
| 2 | Ocasional |
| 3 | Abundante |
| 4 | muito abundante |
| 5 | cobertura 5-12,5% |
| 6 | cobertura 12,5- 25% |
| 7 | cobertura 25-50% |
| 8 | cobertura 50-75% |
| 9 | cobertura >75% |

**Fonte**: Van der Maarel, 1979

A identificação das plantas foi tentada no campo e depois os espécimes foram levados para o Herbário Nacional (ETH), Universidade de Adis Abeba, Faculdade de Ciências, para confirmação final. Os espécimes foram secos, ultracongelados e identificados com base nos volumes publicados da Flora da Etiópia e da Eritreia, e também por comparação com espécimes autenticados depositados no Herbário.

Por fim, a exatidão da identificação foi gentilmente verificada por um taxonomista vegetal profissional. Os nomes locais das espécies vegetais foram registados em correspondência com os seus nomes científicos. Para além disso, foram consultadas ONGs que trabalham no local de estudo no que diz respeito à subnutrição, para recolher informações que relacionem o nível de diversidade de plantas úteis na horta doméstica e a taxa de subnutrição na zona.

### 4.1.2 Dados etnobotânicos

A informação etnobotânica também foi obtida dos povos indígenas do local de estudo. Foram efectuadas entrevistas semi-estruturadas, compostas por 24 perguntas (Anexo III), sobre as principais plantas alimentares, nomes de plantas, práticas de plantação e gestão, aplicação de fertilizantes, uso de plantas, fonte de plantação, e outras práticas tradicionais e socioculturais. Informantes locais, proprietários de hortas caseiras, informantes-chave (agentes de desenvolvimento) e outros membros do agregado familiar foram discutidos e motivados a divulgar informações valiosas que possuem. As diferentes informações obtidas foram anotadas e os ditados, canções e histórias tradicionais relevantes para o estudo foram registados. Durante o estudo, também foi feito um levantamento do mercado para registar os alimentos e as plantas medicinais representativos da horta caseira da zona. Os mercados locais chamados *'Qoccad'* na zona rural e os principais mercados da cidade chamados *'Woga Giyaa'* foram visitados para ver a diversidade de plantas úteis colhidas. Através de entrevistas e discussões, investigou-se informação adicional sobre o participante ativo entre os agregados familiares da área de estudo.

### 4.2 Análise de dados

Foi utilizado um método estatístico descritivo para analisar e resumir os dados etnobotânicos recolhidos na área. Foram analisadas a diversidade de espécies (Índice de Shannon-Wiener H'), a riqueza, a equidade (E =H'/H'max) das espécies de plantas mais úteis para a horta caseira em cada aldeia estudada (Shannon Wiener, 1949).

A uniformidade ou equitabilidade tem valores entre 0 e 1, em que 1 indica a condição em que todas as espécies são igualmente abundantes, enquanto 0 indica que poucas espécies são mais abundantes. A importância das espécies foi avaliada através da análise do valor de uso (Phillip, 1996). Nesta análise, os usos foram categorizados em seis classes com o seu 'valor de uso'. Estas incluem: excelente (5), muito bom (4), bom (3), menos (2), mínimo (1) e sem uso (0). O "valor de uso" global das plantas foi determinado para avaliar a importância de cada espécie de planta para a população local e foi calculado como o "valor de uso médio" da espécie, utilizando a seguinte fórmula.

$UV_{si} = \Sigma U_{si} / N$, em que

$UV_{si}$ = o valor de uso atribuído a uma determinada espécie por um informador (i)

$\Sigma U_{si}$ = soma de todas as utilizações mencionadas em cada evento pelos informadores

N = número total de eventos em que o informador deu informações sobre as espécies.

A classificação das preferências foi efectuada utilizando os métodos descritos em Martin

(1995) para identificar as espécies de plantas mais importantes da população local, utilizando 12 informadores, três de cada Woreda. Além disso, foi utilizado o método de análise multivariada de dados para identificar as espécies de plantas/cultivos dominantes nas hortas familiares. Neste caso, os tipos de comunidade/horta foram identificados e agrupados em clusters com a ajuda do pacote informático Biodiversity Professional, que é um método politético de classificação da vegetação, classificando tanto as parcelas como as espécies neste caso. Através da classificação, as parcelas de amostragem individuais semelhantes foram agrupadas em categorias tão homogéneas quanto possível (Grieg-Smith, 1980).

# CAPÍTULO 5. RESULTADOS

## 5.1. Hortas domésticas tradicionais *(darkuwaa)* dos *Wolayta*

Entre as 261 casas inspeccionadas nas áreas de estudo, 238 (91,2%) tinham *darkuwaa* com diferentes tipos de culturas, árvores, legumes e plantas medicinais. A proporção de tipos de *darkuwaa* no quintal, no pátio lateral, no pátio da frente e em todo o lado, com base na sua posição em relação à casa, é apresentada no Quadro 5. A horticultura doméstica é uma prática comum da comunidade rural nas áreas de estudo. A maioria das casas inspeccionadas nos locais de estudo tem *darkuwaa.* Estas são caracterizadas pela presença de *Ensete ventricosum* e *Coffea arabica* como culturas dominantes, embora o tamanho, a forma, a qualidade e a composição das culturas variem de uma horta para outra. Cerca de 61,7% das hortas são quintais e apenas 5% são jardins frontais.

O estudo detalhado feito em 60 hortas domésticas também mostrou diferentes tamanhos e formas em relação à casa, ao contrário das hortas domésticas inspeccionadas durante o levantamento de campo. O *darkuwaa* do quintal (63,3%) ocorre predominantemente na área de estudo, seguido pelo quintal lateral (13,3%), fechado (11,7%) e frontal (11,7%). O tamanho máximo e mínimo das hortas familiares encontradas durante o estudo foi de 2500 m$^2$ em *Elo Erasho (Damot Woyde Woreda)* e 150 m$^2$ em *Woshe Gale ( Damot Gale}* respetivamente, sendo a média de 517 m$^2$ (Anexo V).

Tabela 5. Frequência das hortas familiares inspeccionadas na área de estudo

| PAs | N.º de casas inspeccionadas | Casas com jardim | Jardim no quintal | Jardins do pátio | Jardim da vinha | Jardins em redor |
|---|---|---|---|---|---|---|
| GL | 30 | 28 | 14 | 2 | 7 | 5 |
| SO | 25 | 24 | 9 | 3 | 8 | 4 |
| AK | 10 | 5 | 4 | 0 | 1 | 0 |
| DU | 25 | 23 | 15 | 0 | 4 | 4 |
| AC | 30 | 26 | 19 | 2 | 4 | 1 |
| HM | 20 | 19 | 15 | 0 | 3 | 1 |
| GT | 15 | 13 | 8 | 1 | 2 | 2 |
| HB | 20 | 17 | 10 | 2 | 3 | 2 |
| AG | 26 | 25 | 20 | 1 | 3 | 1 |
| EE | 10 | 8 | 6 | 0 | 2 | 0 |

| GS | 20 | 20 | 16 | 0 | 2 | 2 |
|---|---|---|---|---|---|---|
| KS | 30 | 30 | 25 | 2 | 2 | 1 |
| Total | 261 | 238 | 161 | 13 | 41 | 23 |
| % | | 91.2 | 61.7 | 5.0 | 15.7 | 8.8 |

Nota: Os nomes alargados das AP são apresentados no quadro 3

## 5.2 Estrutura da vegetação em *darkuwaa*

### 5.2.1 Estrutura vertical das plantas em *darkuwaa*

*A Darkuwaa* consiste num conjunto de árvores e arbustos polivalentes com culturas anuais e perenes e gado associado a casas individuais e gerido por membros da família. As *darkuwaa* caracterizam-se pela presença de uma elevada diversidade de espécies e de diferentes estratos verticais de copa. O sistema de enset-café das *darkuwaa* representa uma estrutura vertical típica de vários andares. O andar superior é dominado por árvores de folhas largas *(Cordia africana, Croton macrostachyus, Milletia ferruginea~),* árvores de fruto como o abacateiro *(Persea americana),* a mangueira *(Mangifera indica~),* o *casimiro (Casimiroa edulis), a* goiabeira *(Psidium guajava)* e a carqueja *(Prunus persica).* O andar intermédio contém *Ensete ventricosum, Coffea arabica* e *Zea mays*, enquanto os legumes, as especiarias, os medicamentos e algumas espécies infestantes cobrem os estratos inferiores. Isto permite colheitas contínuas de alimentos durante todo o ano.

### 5.2.2 Estrutura horizontal da *darkuwaa*

Tradicionalmente, o povo *Wolayta* classifica os campos agrícolas e as hortas em diferentes categorias. Cada grupo/categoria contém diferentes componentes de culturas (Fig.7).

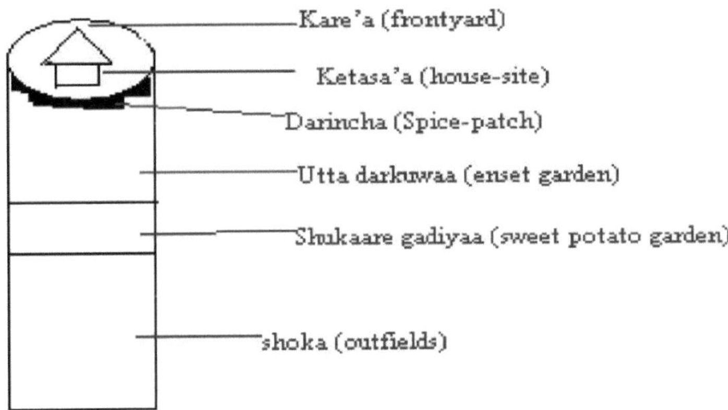


Fig.7 A estrutura horizontal da *darkuwaa* e do campo exterior em *Wolayta*

Os informadores mais velhos da área de estudo identificaram cinco componentes do *darkuwaa* e um shoka (campo exterior) com base na sua posição, conforme ilustrado na Fig.7. *Kare'a* / *Zaguwaa* (pátio da frente), a componente frontal do *darkuwaa,* contém árvores utilizadas para valores culturais e também para combustível. Árvores como *Olea europea ssp.cuspidata, Podocarpus falcatus, Croton macrostachyus, Cordia africana* e *Ficus vasta* são deliberadamente deixadas no espaço aberto na parte da frente das casas. Um informador de *Koyo Sake* explicou que as árvores acima referidas proporcionam sombra, bem como locais para a realização de cerimónias e reuniões dos aldeões durante os feriados sociais e religiosos, onde podem ser servidos café, snacks (grãos torrados) e pão. No entanto, esta prática está a diminuir devido à consequente diminuição das propriedades de terra.

*Ketasa'a* (local da casa) é o local concebido apenas para a construção de uma casa. Em frente de *Ketasa'a* vê-se uma zona limpa e sem plantas, localmente designada por "*Bassuwaa"*, onde as crianças brincam.

*Darincha* (canteiro de especiarias) é a componente horizontal da horta doméstica que contém especiarias e plantas medicinais com cerca de 1 m de altura. Esta parte fica mais perto da casa, onde o gado é encurralado na parte de trás, localmente chamada *mizaa aquwaa.* A partir de *mizaa aquwaa* é cortado um canal no solo para levar a urina e o estrume mole para fora da casa. Plantas herbáceas (*Artemisia afra, Artemisia absinthium, Ruta chalepensis, Cymbopogon citratus, Coriandrum sativum, Ocimum basilicum,* e plantas arbustivas como *Solanum dasphyllum*) estão sob a componente *darincha.* Alguns informadores mencionaram a importância da mancha de especiarias localmente como *Nuuyoo xaale keetannee mattaa qoccaa giyaa* para significar *farmácia tradicional* e *mercado local/centro de saúde primário*, porque estas plantas têm valor medicinal contra diferentes doenças e podem ser obtidas na sua propriedade imediata. Trepadeiras como *Phaseolus lunatus, Coccinia abyssinica, Dioscorea alata, Dioscorea bulbifera* são plantadas em ambos os lados do caminho na parte da frente da casa. Para além disso, plantas como *Colocasia esculenta* e *Brassica spp.* estão dispostas ao lado destas.

*Utta darkuwaa* (jardim de alfeneiros) é, como o nome indica, o jardim onde se planta alfeneiros. A maior parte da *darkuwaa* é plantada/cultivada com alfeneiros, formando um enset-grove. Além disso, são intercaladas outras culturas de rendimento importantes, como o *Coffea arabica.*

*Shukaare darkuwaa* (horta de batata-doce) - horta cultivada com batata-doce e intercalada com outras culturas herbáceas. No entanto, a batata-doce também pode ser cultivada em *shoka* (campos agrícolas). *A Musa paradisiaca* é sempre plantada perto da vedação e a vedação é feita por plantas vivas como *Erythrina abyssinica, E. brucei, Caesalpina decapetala, Vernonia amygdalina* e *Pycnostachys abyssinica.* No entanto, a diversidade de espécies vegetais diminui à medida que se passa da proximidade da *darkuwaa* para o seu limite e, em contrapartida, o número de indivíduos aumenta nalgumas das *darkuwaa* estudadas.

Além disso, o povo *Wolayta* tem também a experiência de deixar uma unidade de terra de transição entre o *darkuwaa* e o *shoka* (campos exteriores). Estas terras são maioritariamente plantadas com taro *(Colocasia esculenta)***.** Aqui, esta prática ocorre tanto nas zonas *Woyna dega* (terras médias) como nas zonas *kola* (terras baixas) de *Wolayta (por exemplo,* os agricultores de *Elo Erasho* exercem esta prática). A terra de transição é considerada como uma 'fronteira de fertilidade' em movimento, uma vez que o enriquecimento do solo a transforma de *shoka* relativamente infértil numa área *darkuwaa* fértil.

Embora o estudo sobre o estatuto económico da população local não seja considerado em pormenor no presente estudo, a população local é agrupada em três categorias. Estas são as pobres, as ricas e as intermédias entre as duas. Os critérios utilizados para esta classificação foram a dimensão das propriedades, o número de cabeças de gado que uma pessoa possui, a quantidade de culturas de rendimento (por exemplo *Coffea arabica),* e a quantidade de *Ensete ventricosum* na horta e um rendimento extra proveniente de trabalhos fora da exploração. O esboço representativo das hortas domésticas dos ricos e dos pobres, retirado da área de Humbo de *Wolayta*, é apresentado na Fig.8

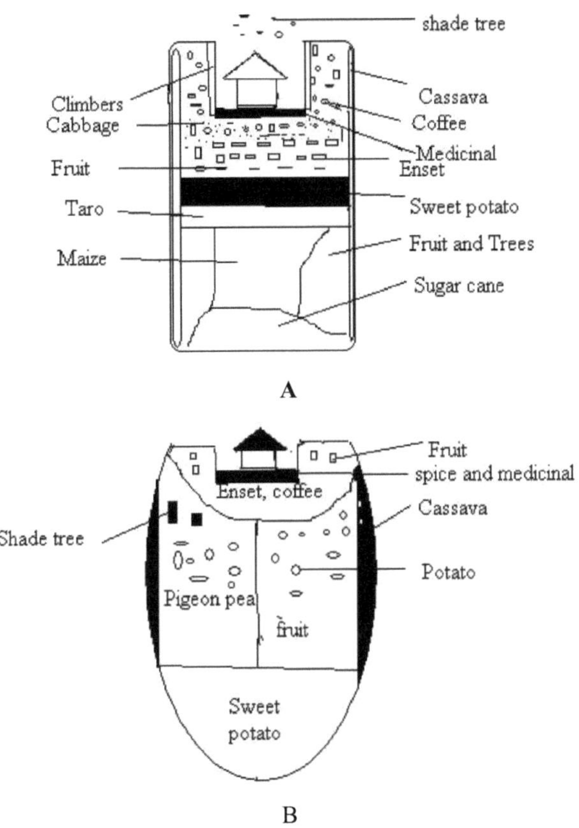


Fig.8 Exemplos de hortas caseiras de Humbo (A / famílias ricas, B / famílias pobres)

### 5.3 Diversidade, riqueza e regularidade das espécies vegetais de *darkuwaa*

O presente estudo registou um total de 160 espécies de plantas (Anexo I). Estas espécies de plantas estão classificadas em 132 géneros e 56 famílias. O hábito, o número e a percentagem de todas as espécies de plantas são apresentados no Quadro 6. A família Asteraceae ocupa o primeiro lugar com 20 (12,5%) espécies de plantas. Fabaceae com 18 (11,3%), Lamiaceae 10 (6,3%), Poaceae e Solanaceae 8 (5,0% cada) ocupam o segundo, terceiro e quarto lugares, respetivamente, em termos de espécies vegetais que contêm. Assim, as famílias Amaranthaceae e Rutaceae contêm sete espécies de plantas (4,4%) cada uma, seguidas por

Euphorbiaceae e Brassicaceae que contêm apenas 5 espécies cada uma (3,1%). Das 160 espécies de plantas identificadas durante o estudo, foi registado um número total de 112 (70%) espécies de plantas úteis (Anexo I). Os restantes 30% de espécies vegetais foram agrupados numa categoria diversa, na qual também têm funções diferentes. Do total de 112 espécies de plantas úteis, 67 (59,8 %) espécies de plantas ocorreram em comum em quatro woredas (Quadro 8) da área de estudo. As restantes 40,2 % eram raras, ocorrendo em menos de 13,3% dos jardins estudados.

As culturas perenes como a ensete *(Ensete ventricosum)* e o café *(Coffea arabica)* estão entre as espécies de plantas dominantes existentes em todas as hortas estudadas na área. Além disso, a batata-doce *(Ipomoea batatas),* sendo comum em todas as hortas caseiras, era a fonte diária de alimentos na área de estudo. O número médio de espécies de plantas mais úteis por horta foi de 14,6, com valores variando de 6 a 24. Para além de *Ensete ventricosum* e *Coffea arabica*, que são as espécies chave no sistema, as culturas alimentares como *Ipomoea batatas, Zea mays, Phaseolus vulgaris* e *Brassica spp.* que contribuem para a dieta diária da família são também comuns em quase todas as hortas familiares. Outras culturas que são amplamente cultivadas na zona incluem o abacate *(Persea americana),* a banana *(Musa paradisiaca),* a manga *(Mangifera indica) e* o gengibre *(Zingiber officinale).* As espécies de plantas mais úteis mencionadas pela população local estavam na categoria de alimentos e medicinais, que ocorriam em mais de 80% do total de hortas caseiras estudadas e utilizadas no cálculo do índice de diversidade e uniformidade (Tabela 7) e as categorias de uso das espécies de plantas úteis também são apresentadas (Tabela 8).

Quadro 6: Forma de crescimento, número e percentagem de todas as espécies de plantas

| Hábito | Número | % |
|---|---|---|
| Árvore | 26 | 16.3 |
| Arbusto | 27 | 16.9 |
| Ervas | 95 | 59.4 |
| Alpinista | 12 | 7.5 |
| Total | 160 | 100 |

Tabela 7: Número total e médio de espécies vegetais mais úteis, valores médios dos índices de Shannon (H') e de Evenness (E) nos sítios de investigação (PAs).

| Sítios de investigação/Pas | Woreda | Riqueza | Média | Índice de Shannon (H') | Equilíbrio (E) |
|---|---|---|---|---|---|
| *Gututo Larena* | HU | 48 | 14.8 | 1.43 | 0.64 |
| *Shochora* | HU | 43 | 11.6 | 1.44 | 0.61 |
| *Ogodama* | | | | | |
| *Ampo Koisha* | HU | 53 | 16.0 | 1.56 | 0.66 |
| *Achura* | BS | 48 | 15.6 | 1.50 | 0.82 |
| *Himbecho* | BS | 49 | 12.8 | 1.49 | 0.72 |
| *Duboo* | BS | 49 | 15.7 | 1.51 | 0.86 |
| *Woshe Gale* | DG | 50 | 14.2 | 1.51 | 0.59 |
| *Harto Burkito* | DG | 50 | 14.6 | 1.55 | 0.49 |
| *Gacheno* | DG | 55 | 14.9 | 1.65 | 0.71 |
| *Elo Erasho* | DW | 49 | 15.0 | 1.64 | 0.44 |
| *Saquê Galcha* | DW | 45 | 15.3 | 1.51 | 0.54 |
| *Saquê Koyo* | DW | 46 | 15.2 | 1.63 | 0.48 |
| Média | | 49 | 14.6 | 1. 54 | 0.63 |

**Nota** O cálculo foi efectuado a partir das espécies vegetais mais úteis da zona (Anexo IV).

A diversidade das espécies de plantas mais úteis nas APs (Tabela 7) não mostra uma grande diferença entre si. O valor médio de equidade das espécies de plantas foi mais elevado (0,86) para as hortas caseiras na AP de *Dubo*, seguido de *Achura* com o valor de equidade de 0,82. O valor médio de equidade de 0,86 em Dubo e de 0,82 em Achura indica que a equidade na abundância das espécies foi de 86% e 82% do que teria sido uma distribuição uniforme ou homogénea.

Em contraste, a AP com a composição uniforme mais baixa de espécies de plantas úteis, com o valor médio de uniformidade de 0,44, foi calculada para as hortas caseiras em *Elo Erasho*, onde *Ensete ventricosum* e *Ipomoea batatas* cobrem principalmente a horta. Em geral, o valor de uniformidade relativa de toda a população das espécies de plantas mais úteis nos locais de estudo foi de 63%.

Quadro 8 Categorias de utilização de espécies vegetais úteis nas hortas caseiras do woreda em estudo

| | Woreda | | | | | | |
|---|---|---|---|---|---|---|---|
| Categorias de utilização | HU | BS | DG | DW | Comum | Total | % |
| Alimentação | 42 | 45 | 43 | 48 | 30 | 54 | 48.2 |
| Medicinais e especiarias | 16 | 17 | 17 | 16 | 13 | 19 | 16.9 |
| Medicinais e alimentares | 2 | 4 | 3 | 3 | 3 | 4 | 3.6 |
| Construção | 10 | 8 | 6 | 12 | 6 | 16 | 14.3 |
| Cerca de vida e sombra | 9 | 9 | 9 | 9 | 5 | 8 | 7.1 |
| Ornamental | 4 | 4 | 4 | 4 | 3 | 4 | 3.4 |
| Fertilização do solo | 3 | 3 | 3 | 3 | 3 | 3 | 2.7 |
| Plantas perfumadas | 3 | 3 | 3 | 3 | 3 | 3 | 1.8 |
| Óleo (não comestível) | 1 | 1 | 1 | 1 | 1 | 1 | 0.9 |
| Total | 90 | 94 | 89 | 99 | 67 | 112 | 100 |

## 5.4 Diversidade de plantas alimentares na *darkuwaa*

As plantas alimentares do povo *Wolayta* identificadas durante o estudo incluíam cerca de 54 (48,2 %) espécies de plantas entre as plantas úteis registadas (Quadro 9). O total de 54 espécies de plantas alimentares está distribuído por 42 géneros e 27 famílias. As famílias de plantas Fabaceae, Poaceae, Solanaceae e Brassicaceae contêm 7 (12,96%), 6 (11,11%), 5 (9,26%), 4 (7,40%) espécies de plantas importantes, respetivamente (Quadro 10). As principais plantas alimentares distribuídas na família Fabaceae são *Phaseolus lunatus* L, *Phaseolus vulgaris* L, *Vigna unguiculata* (L.) Walp. e *Vicia faba* L., que desempenham um papel importante na dieta da população de *Wolayta.* No entanto, as plantas perenes mais dominantes em todos os locais de estudo foram *Ensete ventricosum* (Welw.) Cheesman e *Coffea arabica* L. Os agricultores também mencionaram as 10 espécies de plantas alimentares mais importantes com maior percentagem de preferência e valor de uso (Quadro 11). As categorias hortícolas, hábitos, práticas de plantação e estado de cultivo das espécies de plantas alimentares são apresentadas no Anexo II. Das categorias hortícolas de plantas alimentares, os legumes representaram 27,8% e o mesmo para as culturas de frutos. As culturas de raízes e tubérculos representaram 14,8%, as leguminosas e os cereais (11,1% cada), o óleo não comestível (3,6%) e as culturas açucareiras e estimulantes apenas (1,8% cada). Do total de 54 plantas alimentares, 30 (55,6%) são comuns aos quatro woredas. Os restantes 44,4% são comuns pelo menos em dois woredas.

Tabela 9. Lista de plantas alimentares na área de estudo

| Nome científico | Nome de família | Peças consumidas |
|---|---|---|
| *Allium cepa* L. | Aliaceae | Bolbo, folhas |
| *Allium sativum* L. | Aliaceae | Bolbo, folhas |
| *Ananas comosus* (L.) Merr. | Bromeliaceae | Fruta |
| *Annona cherimola* Mill. | Anonáceas | Fruta |
| *Beta vulgaris* L. | Chenopodiaceae | Raiz/tuber |
| *Brassica carinata* A. Br. | Brassicaceae | Folhas |
| *Brassica nigra* ( L.) in Rohling | Brassicaceae | Folhas |
| *Brassica oleracea* L. | Brassicaceae | Folhas |
| *Cajanus cajan* (L.) Mill. | Fabáceas | Semente |
| *Capsicum annuum* L. | Solanáceas | Fruta |
| *Capsicum frutescens* L. | Solanáceas | Fruta |
| *Carica papaya* L. | Caricáceas | Fruta |
| *Cicer arietinum* L. | Fabáceas | Grãos |
| *Citrus aurantifolia* (Chistm.) Swingle | Rutáceas | Fruta |
| *Citrus aurantium* L. | Rutáceas | Fruta |
| *Citrus sinensis* (L.) Obseck. | Rutáceas | Fruta |
| *Coccinia abyssinica* (Lam.) Cogn. | Cucurbitáceas | Raiz/tuber |
| *Coffea arabica* L. | Rubiáceas | Feijões |
| *Colocasia esculenta* (L.) Schoot | Araceae | Raiz |
| *Cucurbita pepo* L. | Cucurbitáceas | Folhas, frutos |
| *Daucus carota* L. | Apiáceas | Tubérculo |
| *Dioscorea alata* L. | Dioscoreaceae | Raiz |
| *Dioscorea bulbifera* L. | Dioscoreaceae | Tubérculo aéreo, raiz |
| *Ensete ventricosum* (Welw.) Cheesma | Musáceas | Caule, cormo, folhas |
| *Eragrostis tef* (Zucc.) Trotter | Poaceae | Grãos |
| *Guizotia abyssinica* (L. f.) Cass. | Asteraceae | Semente, planta oleaginosa |
| *Hordeum vulgare* L. | Poaceae | Grãos |
| *Ipomoea batatas* (L.) Lam. | Convolvuláceas | Raiz/tubo |
| *Lactuca sativa* L. | Asteraceae | Folhas, vegetais |
| *Lycopersicon esculentum* Mill. | Solanáceas | Fruta, legumes |
| *Manihot esculenta Grentz.* | Euphorbiaceae | Raiz/ tubérculo |
| *Mangifera indica* L. | Anacardiaceae | Fruta |
| *Musa paradisiaca* L. | Musáceas | Fruta |
| *Moringa stenopetala* (Bak. f. ) Cuf. | Moringaceae | Folhas |
| *Passiflora edulis* Sims | Passifloraceae | fruta |
| *Persea americana* Mill. | Lauraceae | fruta |
| *Phaseolus lunatus* L. | Fabáceas | Semente |

| | | |
|---|---|---|
| *Phaseolus vulgaris* L. | Fabáceas | Semente |
| *Pisum sativum* L. | Fabáceas | Semente |
| *Plectranthus edulis* (Vatke) Agnew | Lamiaceae | Raiz/ tubérculo |
| *Prunus persica* (L.) Batsch. | Rosáceas | Fruta |
| *Psidium guajava* L. | Myrtaceae | Fruta |
| *Raphanus raphanistrum* L. | Brassicaceae | Folhas |
| *Ricinus communis* L. | Euphorbiaceae | Frutos (óleo não comestível) |
| *Rubus pinnatus* Willd. var. *afrotropicus* (Engl.) C.E Gust. | Rosáceas | Fruta |
| *Saccharum officinarum* L. | Poaceae | Caule |
| *Solanum dasyphyllum* Schum e Thonn. | Solanáceas | Folhas |
| *Solanum tuberosum* L. | Solanáceas | Raiz/tuber |
| *Sorghum bicolor* (L.) Moench. | Poaceae | Semente |
| *Triticum sativum* L. | Poaceae | Semente |
| *Vicia faba* L. | Fabáceas | Semente |
| *Vigna unguiculata* (L.) Walp. | Fabáceas | Semente |
| *Vitis vinifera* L. | Vitaceae | Fruta |
| *Zea mays* L. | Poaceae | Semente |

Quadro 10 Número de espécies de plantas alimentares em cada família

| Família | Número de espécies |
|---|---|
| Aliaceae | 2 |
| Anacardiaceae | 1 |
| Anonáceas | 1 |
| Apiáceas | 1 |
| Araceae | 1 |
| Asteraceae | 2 |
| Brassicaceae | 4 |
| Bromeliaceae | 1 |
| Caricáceas | 1 |
| Chenopodiaceae | 1 |
| Convolvuláceas | 1 |
| Cucurbitáceas | 2 |
| Dioscoreaceae | 2 |
| Euphorbiaceae | 2 |
| Fabáceas | 7 |

| | |
|---|---|
| Lamiaceae | 1 |
| Lauraceae | 1 |
| Moringaceae | 1 |
| Musáceas | 2 |
| Myrtaceae | 1 |
| Passifloraceae | 1 |
| Poaceae | 6 |
| Rosáceas | 2 |
| Rubiáceas | 1 |
| Rutáceas | 3 |
| Solanáceas | 5 |
| Vitaceae | 1 |
| Total | 54 |

Quadro 11 Espécies de plantas que foram mencionadas pelos agricultores como as culturas alimentares mais importantes na *darkuwaa,* a sua preferência percentual, valores de uso, resultados da classificação de preferências.

| Espécies vegetais | % de preferência | Valor de utilização | Classificação |
|---|---|---|---|
| *Ensete ventricosum* | 100 | 5.0 | 1(st |
| *Ipomoea batatas* | 95.7 | 4.6 | 2(nd |
| *Manihot esculenta* | 62.5 | 2.2 | 8(th |
| *Zea mays* | 91.6 | 4.3 | 3(rd |
| *Persea americana* | 83.4 | 3.4 | 5(th |
| *Brassica carinata* | 64.3 | 3.2 | 7(th |
| *Colocasia esculenta* | 66.6 | 2.9 | 6(th |
| *Phaseolus vulgaris* | 58.3 | 3.0 | 10(th |
| *Solanum tuberosum* | 62.4 | 3.6 | 9(th |
| *Coffea arabica* | 86.7 | 4.0 | 4(th |

De acordo com alguns informantes, as hortas caseiras da região produzem uma quantidade significativa dos alimentos necessários à família, para além de produtos menores e suplementares. Em cerca de 60 famílias entrevistadas, 98% produzem plantas de diferentes usos, principalmente para consumo doméstico. Além disso, a colheita é efectuada numa base contínua quando é necessário material. Assim, a segurança alimentar das famílias é conseguida através da utilização sustentável da sua horta doméstica e do seu sistema de gestão adequado. Entre outras, *a Ensete ventricosum* tem merecido grande atenção por parte da população local e é descrita na secção seguinte.

***Ensete ventricosum*, a principal planta alimentar perene e as suas práticas indígenas**

**Taxonomia**: Trata-se de uma cultura monocárpica perene pertencente à família das Musaceae. Está relacionada com a bananeira e assemelha-se a ela, mas pode ser distinguida da banana, entre outras coisas, pelo seu tamanho gigante, estrutura de pseudostemo único, bases dilatadas e folhas erectas (Lye e Edwards, 1997).

**Distribuição**: O alfinete está amplamente distribuído na África Oriental e Austral. Há milhares de anos que é utilizado como cultura alimentar na Etiópia (Smeds, 1955), onde já foi domesticado. O alfinete é uma importante cultura de base para mais de 20% da população etíope que vive nas regiões sul e sudoeste do país, incluindo muitos grupos étnicos *(Wolayta, Gurage, Hadiya, Kambata, Gamo e Sidama}* (Brandt *et al.,* 1997).

**Morfologia**: O alfinete é uma planta herbácea perene gigante (Fig. 9). Uma planta adulta de alfinete tem uma altura de 8-10 metros, mas pode atingir até 11 metros, dependendo das cultivares utilizadas e das condições do local. O diâmetro basal do seu pseudocaule dilatado é de até 1 metro. O pseudocaule, que é composto pela bainha das folhas, tem um comprimento de 1 a 2 m em plantas completamente maduras. As folhas são grandes, com lâminas oblongas e, frequentemente, pecíolos longos e livres. A inflorescência cresce a partir do centro da planta, e os frutos são pequenos com grandes sementes pretas não comestíveis (Bizuayehu Tesfaye, 2002).

**Ecologia**: O alfinete é cultivado a altitudes de 1100-3300 m acima do nível do mar, em zonas com uma temperatura média de 10-25 $^{0}$C, e uma precipitação anual de 1000-1800 mm distribuída em 8 a 10 meses, estando as terras altas de *Wolayta* dentro desta gama. A temperatura desempenha um papel significativo na taxa de crescimento da beterraba. Assim, nas faixas altitudinais de 1500-2300 metros *(*áreas *de Woyna Dega*), onde a temperatura média anual é de 15-22°C, a beterraba cresce rapidamente e atinge a maturidade total em 3 a 5 anos. Em contraste, nas altitudes elevadas de 2300-3200 metros (zonas Dega), onde a temperatura média desce para 10-15°C, são necessários 8-10 anos e, por vezes, até 12 anos

(FAO, 1961, Shank e Ertiro, 1996) para atingir a maturidade completa. O alfinete desenvolve-se melhor em solos férteis e bem drenados, de natureza moderadamente ácida a alcalina (Admasu Tsegaye, 2002).

Fig. 9 Planta de alfinete no lado esquerdo de uma casa

**Propagação**: é feita vegetativamente durante a estação mais quente e húmida do ano.

O rebento de uma beterraba imatura de 3-4 anos é escavado e o pseudocaule é cortado, deixando 10-20 cm da parte inferior ligada ao rebento. O centro do cormo, que é a base da inflorescência, é completamente cortado para remover o botão em crescimento. Em seguida, o cormo é enterrado num buraco e coberto com estrume e terra. Os rebentos, que surgem em 4 a 12 semanas, são deixados a crescer durante cerca de um ano. O cormo é então desenterrado, os rebentos *(Haaxaa)* são separados e transplantados para um terreno bem preparado. Após um ou dois anos, algumas destas plantas são desbastadas e transplantadas para outro local. A partir do quarto ano, a beterraba pode ser colhida para fins alimentares em *Wolayta.*

**Utilizações e transformação de *Ensete ventricosum:*** Para a população de *Wolayta,* os principais produtos alimentares obtidos a partir de ensete são *Unccaa (Qocho), Etimaa (bull'a), Muchuwaa* e cormo cozido. *A Unccaa* requer um longo período de processamento e preparação, que é efectuado pelas mulheres da família (Fig.10). A primeira fase envolve a remoção dos talos das folhas e a classificação do cormo. Na segunda fase, as fibras são separadas e a polpa é esmagada para extrair o amido. A terceira etapa consiste em colocar o extrato numa cova com cerca de 1,5 m de profundidade e 1 m de diâmetro, envolvida hermeticamente com folhas de beterraba, antes de ser compactada com pedras. Deixa-se então fermentar - um processo que dura cerca de 3-4 meses. O poço é aberto a intervalos regulares para permitir o arejamento, e as novas folhas de beterraba são substituídas. Este processo repete-se até se atingir a qualidade de fermentação desejada ou até que o alimento seja necessário. Finalmente, o amido fermentado é seco e tratado como farinha. Esta pode ser utilizada para preparar um pão semelhante a uma panqueca, *Unccaa*, que se come com leite e couve. *O Unccaa* (Qocho) é cada vez mais vendido (mercados da cidade) às pessoas que vivem nas cidades. *Etimaa (Bulla~)* é um líquido obtido por espremer *Unccaa* que se torna sólido após uma semana. É um amido não fermentado de uma planta madura rica em hidratos de carbono, que pode ser preparado como uma panqueca ou papa. *Muchuwaa* é um produto da beterraba que também é preparado como papa *de Etimaa*, adicionando-lhe manteiga, e é considerado o principal alimento cultural do povo *Wolayta*. A maior parte da população local utiliza *a unccaa* misturando-a com cereais e produtos ricos em proteínas, como o leite. Isto deve-se ao baixo teor de proteínas dos produtos de beterraba. A fibra é utilizada para fazer sacos, cordas, esteiras, material de construção e peneiras. As folhas frescas de beterraba são utilizadas como invólucros para alimentos, servindo de pratos e para alimentar o gado em estábulos. Os rebentos de algumas variedades de beterraba, designadas localmente *por suityaa,* também podem ser cozidos e consumidos como a batata.

BOILED CORM FOR CONSUMPTION

PART OF ENSET USED AS ANIMAL FODDER

ENSET PULP PREPARED FOR FERMENTATION

Young enset for transplanting

Food Processing from Enset

ENSET LEAVES AND SHEATHS USED FOR CONSTRUCTION

Fig. 10 Diferentes utilizações da beterraba e sua preparação

## 5.5 Plantas de jardim doméstico para fornecimento de nutrientes

Apesar de não ter sido efectuada no presente estudo a análise dos nutrientes das plantas úteis da horta doméstica, sabe-se que as espécies vegetais no ambiente imediato da casa fornecem alimentos com diferentes nutrientes. Nove espécies de plantas (alimentares, frutos e legumes) com a maior frequência relativa de ocorrência em parcelas de amostra de 60 hortas caseiras foram identificadas no estudo (Quadro 12). As raízes e os legumes frescos fornecem hidratos de carbono, proteínas, vitaminas, minerais e gorduras que são essenciais para o nosso corpo. Por conseguinte, para obter estes nutrientes essenciais, a horta doméstica deve ser plantada com uma variedade de frutos, legumes e raízes. Se a horta doméstica tiver uma diversidade útil de plantas, pode fornecer à família uma dieta nutritiva e equilibrada que a torna saudável e forte. De acordo com os informantes da área de estudo, as hortas caseiras são chamadas de 'Centro de Saúde Primário' para as famílias pobres devido à presença de plantas medicinais perto das casas. A insegurança alimentar, que é a causa predominante da desnutrição e da fome, ocorre por vezes na área, de acordo com a informação não publicada obtida de uma ONG, conhecida por IMC (International Medical Corps), que permaneceu três anos em *Wolayta.* De acordo com as informações da mesma fonte, a subnutrição ocorre por vezes na área de estudo e afecta as mulheres e as crianças com menos de cinco anos. As formas de malnutrição mais frequentemente documentadas desde os últimos três anos em *Wolayta* foram a malnutrição proteico-energética e as deficiências de vitamina A, iodo e zinco. A taxa de ocorrência de edema (kwashiorkor) e de emaciação (marasmo) foi elevada nas crianças entre outros casos na área de estudo (Quadro 13). O registo mais elevado foi observado em crianças com menos de cinco anos de idade, cuja diversidade de plantas alimentares na sua horta doméstica é baixa. De acordo com as suas informações, a taxa de ocorrência de doenças por deficiência alimentar é menor em hortas com alta diversidade de plantas alimentares do que em hortas com baixa diversidade de plantas alimentares.

Tabela 12. Nove espécies de plantas com a maior frequência relativa de ocorrência em parcelas de amostra de 60 hortas caseiras de quatro woredas

| Nome científico | Frequência % relativa | | | |
|---|---|---|---|---|
| | *Humbo* | *B. Dorido* | *D. Gale* | *D. Woyde* |
| *Brassica carinata* | 11.22 | 11.93 | 12.4 | 10.17 |
| *Coffea arabica* | 13.08 | 11.93 | 12.4 | 11.02 |
| *Cordia africana* | 8.42 | 9.18 | 6.20 | 10.17 |
| *Ensete ventricosum* | 13.08 | 11.93 | 12.4 | 12.71 |
| *Ipomoea batatas* | 12.16 | 12.84 | 12.4 | 12.71 |
| *Musa paradisiaca* | 8.42 | 6.43 | 8.86 | 10.17 |
| *Persea americana* | 13.08 | 11.93 | 12.4 | 12.71 |
| *Solanum tuberosum* | 11.22 | 11.00 | 12.4 | 8.47 |
| *Zea mays* | 9.36 | 12.84 | 10.62 | 11.86 |

Quadro 13 Sintomas de admissão no programa IMC, Cuidados Terapêuticos Baseados na Comunidade (CTC) (2005-2007)

| Indicadores | Humbo | % | Boloso dorido | % | D. Gale | % | D. Woyde* |
|---|---|---|---|---|---|---|---|
| Edema | 59 | 25.1 | 1953 | 52.15 | 858 | 78.3 | |
| Desperdício | 176 | 74.9 | 1792 | 47.85 | 238 | 21.7 | |
| Total | 235 | 100 | 3745 | 100 | 1096 | 100 | |

* Os dados não estavam disponíveis

O edema e a perda de peso são indicadores de malnutrição e a maior frequência de internamento entre 2005 e 2007 foi observada em *Boloso Sore.* Isto pode dever-se ao facto de a área de importantes culturas alimentares, como *Ensete ventricosum*, estar a ser substituída por culturas de rendimento, principalmente *Zingiber officinale.* As admissões são mais elevadas no período da fome, quando a diversidade da horta doméstica é baixa, em especial de março a maio.

## 5.6 Comercialização de produtos de jardinagem doméstica

Os mercados locais ( *qoccaa)* e os mercados mais próximos das cidades *(woga giyaa)* foram os locais importantes de troca de recursos fitogenéticos, alimentos e plantas medicinais na área de estudo. Também dá a oportunidade de vender ou trocar os produtos excedentes da horta e gerar rendimentos adicionais para a família. Entre os agregados familiares das comunidades rurais, e tal como foi confirmado durante a observação no terreno, as mulheres normalmente comercializam os produtos excedentes, tais como plantas medicinais da *darkuwaa* e, consequentemente, trocam os seus produtos. Para além disso, o rendimento adicional após a venda dos produtos da horta era utilizado para comprar alimentos que provavelmente beneficiariam a família e/ou contribuiriam para uma dieta mais equilibrada. De acordo com os informantes de *Damot Gale*, esta troca ocorre principalmente na época da colheita do ano. As plantas medicinais (Fig. 11), os citrinos, as especiarias, as couves, os produtos de beterraba e outras espécies de plantas menores na *qoccaa* e as principais culturas de rendimento da *darkuwaa* (por exemplo, *Persea americana, Coffea arabica*, etc.) na *woga giyaa* foram as principais observadas durante o estudo.

Fig. 11 Plantas medicinais frescas no mercado local (*Qoccaa*) de *Damot Gale*

## 5.7 Factores que afectam a diversidade vegetal *da darkuwaa*

A diversidade de plantas na *darkuwaa* é afetada por diferentes factores ambientais e preferências culturais. Os proprietários de hortas caseiras de todos os locais de estudo mencionaram uma média de mais de três factores que afectam a diversidade de plantas da horta. Surpreendentemente, indicaram que este agroecossistema é uma fonte rica de espécies vegetais úteis e um local para o cultivo de espécies naturalmente ameaçadas no seu ambiente natural. No entanto, factores como o estatuto socioeconómico, a altitude, a fertilidade do solo, o tamanho da horta, o regime de chuvas, a distância de casa, o sistema de gestão, a proximidade do mercado e das estradas e as preferências culturais (Quadro 14) têm uma influência na diversidade de plantas na *darkuwaa.* O último fator, aqui, indica que alguns proprietários de hortas dependem apenas de um número limitado de espécies de plantas cultivadas na horta e não querem introduzir outras culturas na sua horta. Como testemunha, um agricultor de *Boloso sore, Himbecho* PA, disse-nos que não queria plantar mandioca *(Manihot esculenta)* na sua horta porque mata seres humanos e gado e, em oposição, uma grande cobertura de mandioca em *Gututo Larena* em *Humbo Woreda.*

Quadro 14 Factores que afectam a diversidade das plantas da horta doméstica e frequência dos inquiridos

| Factores | HU | BS | DG | DW | Frequência |
|---|---|---|---|---|---|
| Contexto socioeconómico | 8 | 5 | 7 | 4 | 24 |
| Altitude | 3 | 2 | 4 | 5 | 14 |
| Estado de fertilidade do solo | 6 | 3 | 6 | 12 | 27 |
| Tamanho do jardim | 10 | 7 | 14 | 12 | 43 |
| Padrão de precipitação | 13 | 11 | 8 | 9 | 41 |
| Distância da casa | 5 | 6 | 4 | 7 | 22 |
| Sistema de gestão | 4 | 3 | 6 | 8 | 21 |
| Proximidade do mercado e da estrada | 7 | 8 | 12 | 6 | 33 |
| **Frequência total** | | | | | **219** |

## 5.8 Plantas medicinais no *darkuwaa*

Foi registado um total de 23 espécies de plantas com valores medicinais de 19 géneros e 13 famílias, o que representou 20,54% das espécies de plantas mais úteis estudadas. As espécies da família Asteraceae foram as plantas mais utilizadas, representando cerca de 26,08 % de todas as plantas medicinais, seguidas da família Lamiaceae (17,40 %). A maioria das plantas medicinais eram ervas (78,27%), seguidas das espécies arbóreas e arbustivas com 13,04% e 8,69%, respetivamente. A parte da planta mais frequentemente utilizada na área de estudo é a folha, que representa 78,27%. Das espécies de plantas medicinais, 10 (43,50 %) eram protegidas e as restantes 56,50 % cultivadas. As plantas medicinais mais usadas na área de estudo estão organizadas por nome científico, partes usadas, nome de família e hábito (Quadro 15)

Quadro 15 Plantas medicinais utilizadas principalmente nas hortas caseiras de uma zona de estudo

| Nome científico | Nome de família | Peças utilizadas | Hábito |
|---|---|---|---|
| *Acmella caulirhiza* Del. | Asteraceae | Flor, folhas | Erva protegida |
| *Allium sativum* L | Aliaceae | Tubérculo | Erva cultivada |
| *Amaranthus caudatus* L | Amaranthaceae | Fruta | Erva protegida |
| *Artemisia absinthium* L. | Asteraceae | Folhas | Erva cultivada |
| *Artemisia afra* Jacq. ex Willd. | Asteraceae | Folhas | Erva cultivada |
| *Calpurnea aurea* (Ait.) Benth. | Fabáceas | Folhas | Arbusto protegido |
| *Chenopodium ambrosioides* L. | Chenopodiaceae | Flor | Erva protegida |
| *Coriandrum sativum* L | Apiáceas | Folhas | Erva cultivada |
| *Croton macrostachyus* Del. | Euphorbiaceae | Folhas | Árvore protegida |
| *Cymbopogon citratus* (DC.) | Poaceae | Folhas | Erva cultivada |
| *Lepidium sativum* L. | Brassicaceae | Folhas | Erva cultivada |
| *Moringa stenopetala* (Bak. f. ) Cuf. | Moringaceae | Deixar, enraizar | Árvore cultivada |
| *Ocimum basilicum* L. | Lamiaceae | Folhas | Erva cultivada |
| *Ocimum lamiifolium* Höchst. ex Benth. | Lamiaceae | Folhas, raiz | Erva protegida |
| *Ocimum urticifolium* Roth. | Lamiaceae | Folhas | Erva protegida |
| *Rosmarinus officinalis* L. | Lamiaceae | Folhas | Erva cultivada |
| *Ruta chalepensis* L | Rutáceas | Folhas | Erva cultivada |
| *Solanum corymbosum* Jacq. | Solanáceas | Frutos, folhas | Erva protegida |
| *Solanum dasyphyllum* Schum e Thonn. | Solanáceas | Folhas | Arbusto protegido |
| *Sphaeranthus steetzii* Oliv. e Hiern. | Asteraceae | Folhas | Erva cultivada |
| *Vernonia amygdalina* Del. | Asteraceae | Folhas | Árvore protegida |
| *Xanthium strumarium* L. | Asteraceae | Folhas | Ervas |
| *Zingiber officinale* Roscoe. | Zingiberaceae | Rizomas | Erva cultivada |

## 5.9 O sistema de classificação e o conhecimento indígena do povo *Wolayta*

A população local tem a sua própria forma de classificar o ambiente e os seus componentes. O povo *Wolayta* reconhecia tradicionalmente quatro zonas agroecológicas com base na elevação da área, na quantidade de precipitação e no nível de temperatura. Estas são *Gara (Kolla), Geziyaa (Dega), Barguwaa (Woyna Dega)* e *Bazuwaa (Bereha)*

*Gara:* caracteriza-se por uma altitude mais baixa (1000-1550 m) e uma temperatura mais elevada com menos meses de precipitação. Esta zona climática tradicional corresponde à agro-ecologia *Kolla*. De acordo com alguns informadores, esta zona não é tão adequada como *Geziyaa* para a fixação de pessoas e também para a criação de animais. Isto deve-se à existência generalizada de doenças humanas e animais. O melhor exemplo de doença humana registado nesta zona é a malária. A propriedade fundiária nesta zona agro-ecológica é mais elevada do que a de *Geziyaa*. *Elo Erasho* PA de *Damot Woyde* está nesta categoria

*Geziyaa*: caracteriza-se por uma maior elevação, mais meses de chuva e temperaturas mais baixas. Também corresponde às zonas agro-ecológicas de *Dega* da área de estudo. Segundo a população local, esta zona situa-se a uma altitude de 2000-2800 m. Ao contrário de *Gara*, *Geziyaa* é mais ou menos adequada para a fixação humana e não é adequada para a criação de um grande número de gado, uma vez que a propriedade da terra é limitada.

*Barguwaa:* é a zona agroecológica tradicional que existe entre *Gara* e *Geziyaa*. Esta zona é a melhor para a fixação humana e também adequada para a criação de animais. Por esta razão, existe uma elevada densidade populacional nesta zona climática. Esta zona corresponde a *Woyna Dega* e, tradicionalmente, situa-se na faixa altitudinal de 1600-1950 m. Entre as 12 APs inquiridas no estudo em quatro *Woredas*, 10 APs encontram-se nesta zona agroecológica tradicional.

*Bazuwaa*: caracteriza-se por ter uma altitude muito baixa, uma temperatura diária muito elevada e meses de precipitação muito reduzida. As pessoas chamam-lhe vagamente *Bereha*, mas este tipo de ambiente encontra-se apenas no lado mais seco de *Kolla*. De resto, não está presente na região de *Wolayta*.

Por outro lado, os indígenas da área de estudo classificaram a estação do ano em três categorias principais, com base na temperatura, quantidade e duração da precipitação. São elas *Bonyaa, Balguwaa e Badhdhesaa.*

*Bonyaa:* estação do ano em que a temperatura é muito elevada e não chove ou chove muito pouco. De acordo com a população local, esta estação começa em novembro e termina em fevereiro. É sobretudo a época das colheitas na região.

*Balguwaa*: uma estação do ano que se caracteriza por elevada precipitação e baixa temperatura. Esta estação começa em julho e termina em setembro, de acordo com os informadores mais velhos da zona

*Badhdhessaa:* estação em que se efectua a plantação e o cultivo das culturas. Caracteriza-se sobretudo por um nível ótimo de precipitação e de temperatura. A estação estende-se de março a outubro na região. Esta estação é a época de plantação ou sementeira em *Wolayta.* Com base nos tipos de culturas/plantas cultivadas/cultivadas, esta estação sobrepõe-se à *balguwaa.* Tem duas subcategorias, nomeadamente *Silaa* e *Gabbaa. A Silaa Badhdhessaa* começa em julho e prolonga-se até outubro. Alguns cereais cultivados/semeados nesta estação incluem o teff, o trigo, a cevada, ervilhas e feijão. Estes são principalmente cultivados em campos agrícolas longe da casa de habitação, especialmente para aqueles que possuem grandes dimensões de terreno.

*A Gabbaa Badhdhessaa* começa em março e vai até junho, início da *Silaa Badhdhessa.* As plantas mais importantes cultivadas nesta época incluem *Zea mays, Vigna unguiculata, Phaseolus vulgaris e outras leguminosas.* No entanto, a batata-doce, a planta alimentar mais preferida em *Wolayta,* é plantada durante todo o ano e colhida mais de duas vezes por ano.

Com base na topografia e no objetivo para o qual a terra é utilizada, a paisagem é classificada principalmente em três: *Deryaa, Dembbaa* e *Bohuwaa.* A parte da paisagem observada com a elevação máxima é designada por *Deryaa.* Pelo contrário, um terreno plano numa área é chamado *Dembbaa* e um desfiladeiro é localmente chamado *Bohuwaa.* Além disso, os agricultores da região classificam as práticas de plantação. Se os grãos forem aspergidos durante a sementeira, a prática é designada *por Zeriyogaa* e se a prática consistir em cavar um buraco com uma enxada e colocar um único grão de semente ou tubérculo, é designada por *Tokiyogaa.* A plantação por corte ou transplante chama-se *Qanxxi Tokiyogaa,* e qualquer planta que tenha crescido sem ser plantada (espontaneamente) é protegida ou tolerada na *daruwaa.*

Nas hortas caseiras, as plantas são categorizadas em diferentes grupos com base na sua utilização. Estes incluem *Katta* (as principais culturas alimentares), *Usttaa* (legumes e alguns frutos como o abacate), *Sawettaa* (especiarias), *Xaliyaa* (medicinais), plantas ornamentais (*Kariyaa pulayeo mitataa*) e *Dirssa* (cerca viva).

As pessoas têm um conhecimento autóctone que classifica os solos dentro e à volta da sua horta em duas categorias. A classificação baseia-se na fertilidade, cor, profundidade, erodibilidade, capacidade de retenção de água e facilidade de cultivo. As duas palavras-chave para descrever a fertilidade do solo são *Arada (solo fértil)* e *Lada* (solo pobre). Os solos de *Arada* caracterizam-se pela presença de solos escuros, ricos, espessos e pesados e os solos *de Lada* caracterizam-se pela presença de solos vermelhos, pobres, finos e leves. Por outro lado, a população local tem a possibilidade de saber se o solo é fértil através das espécies vegetais cultivadas na zona. Isto significa que existem espécies de plantas indicadoras da fertilidade do solo segundo os indígenas. A melhor espécie vegetal mencionada para determinar a fertilidade do solo foi a *Commelina latifolia (designada localmente por Dal'ishaa).*

O povo *Wolayta* tem um bom conhecimento da designação de plantas de grande importância, como as espécies de plantas alimentares e as plantas de valor medicinal. Por outro lado, dão um nome geral às espécies de plantas que são de menor importância. Por exemplo, dão simplesmente um nome geral, localmente chamado *Sharafa*, a espécies infestantes do seu jardim doméstico.

A população local possui um conhecimento indígena pormenorizado das plantas existentes nos seus jardins e na vegetação natural. Reconhecem as plantas ao nível da espécie, ao nível da variedade local (do agricultor). Por exemplo, embora a espécie *Ensete ventricosum* (Welw.) Cheesman, a planta da beterraba, seja propagada vegetativamente, a variação notável em caraterísticas como a cor do pseudocaule e das nervuras centrais das folhas, a maturidade precoce, a função, a resistência a doenças e a qualidade do produto são reconhecidas pela população local. Assim, o agricultor de 40 anos de idade, *Ato Sago Guje* de *Elo Erasho, Damot Woyde Woreda* revelou que havia muitas variedades locais baseadas na função. Algumas delas são *mazee uttaa*, para a sua produção de *gollaa* (fibra), *Gefetanuwaa*, para a sua grande produção de *etimaa (Bull'aa)*, bem como forragem para o gado quando as vacas dão à luz e alimento para vacas enfraquecidas no período de escassez de erva. *Suzuma* é também uma landrace local pela sua grande produção de fibras e pequena produção de *Unccaa/Qocho*. *Kabaraa*, pela sua produção de *Bull'aa*, *Haal'aa* pelo seu produto *Unccaa* e *Ciicciyaa* e *Suitiyaa* pelo seu papel medicinal são plantadas na horta. *A Loochiingyaa* também é plantada pela sua grande parte comestível debaixo da terra (cormos).

A população local identificou 45 variedades de beterraba, entre as quais foi registada uma média de 6 variedades por horta. Existem diferenças significativas no número médio de variedades de enset e de gado entre as famílias ricas e pobres nos quatro *Woredas*. Os agricultores ricos tinham mais terra e gado que produzia estrume, e plantavam mais variedades de enset do que os agricultores pobres. Em todos os quatro *Woredas* (12 PAs), as mulheres provaram ser mais experientes do que os homens na identificação de variedades de *beterraba*. Para além da sua fonte de alimento, *a beterraba* é também uma cultura ornamental para as famílias. Como alguns agricultores *de Wolayta* expressaram, '*uma casa de campo sem enset na sua envolvente é como um pássaro sem penas'*, o que significa simplesmente pouco atrativo/sem graça. Por outro lado, as plantas gigantes de enset à volta das casas são motivo de orgulho para o proprietário.

As mulheres têm mais conhecimentos tradicionais acumulados do que os homens sobre os alimentos e outros produtos domésticos que as plantas das hortas caseiras podem fornecer. O excesso de produtos das hortas caseiras é vendido no mercado local pelas mulheres e também pelas crianças. O rendimento gerado pelas culturas menores vai para as mulheres. Além disso, as mulheres têm mais conhecimentos tradicionais do que os homens em identificar algumas das variedades de plantas locais, particularmente a planta enset. Existe um grande número de variedades locais de alfinete em *Wolayta*, o que significa o papel da *darkuwaa* na preservação da variabilidade genética. As mulheres identificaram, em média, 6 variedades locais, ao passo que os homens identificaram 5 variedades locais de alfinete por horta.

Nas zonas altas de *Wolayta* (*Woshe Gale, Damot Gale woreda*) foram mencionadas mais de 10 utilizações da *beterraba*. Apresentou o valor de utilização calculado mais elevado, 5,0 (Quadro 11), devido à sua perenidade, propagação vegetativa, resistência à seca, produtos maciços e diversificados e muitos valores de utilização em comparação com outras culturas importantes. Além disso, a importância desta cultura é indicada pelas canções *Wolayta*. Uma delas é *Ona'ee gisiyaay mattaa, osoo gisiyaay utta*. Isto pode ser traduzido de tal forma que o estado físico de uma criança é determinado pelo leite que bebeu; tal como a riqueza de uma pessoa é avaliada pela quantidade de *beterraba* que tem em casa. Além disso, o povo *Wolayta* tem uma canção conhecida por *Utti Betteppe ashshees* que significa que *o enset* impede as pessoas de migrarem para outro sítio durante a época da fome. Isto deve-se ao facto de *a beterraba* ser resistente à seca e ter funções de segurança alimentar. Além disso, a população local tem um ditado para mostrar o domínio da Enset *ventricosum* no seu jardim doméstico, ou seja, *uttan zeenfidii godaariyaa caadetes*. Há também um ditado que diz que sempre que alguém planta batata-doce, que é um alimento de segurança para a família. Quando alguém encontra um agricultor a transplantar batata-doce, deve dizer *Shukare Mohuwaa Mentoo*, que significa "que a raiz cresça", na esperança de que haja boas condições climatéricas durante o ano para uma produtividade elevada.

As raízes e os tubérculos são mais aceites na área pela população local e foi observada uma maior variabilidade nessas espécies, como o taro *(Colocasia esculenta)*, a batata-doce *(Ipomoea batatas)* e a mandioca *(Manihot esculenta)*. Por exemplo, os agricultores de *Damot Gale* mencionaram cinco cultivares/variedades locais de *Colocasia esculenta*, com base no tamanho do bolbo e na cor das folhas: *yeddaa, yettiryaa, bottaa boyna, garazuaa, walsaa.* Além disso, com base na cor das folhas e dos tubérculos, os agricultores de *Humbo woreda* mencionaram duas variedades de mandioca: *Attuma* (macho: as folhas de cor branca com tubérculos vermelhos) e *Maccaa* (fêmea: as folhas de cor púrpura com tubérculos brancos) cujo cultivo é caraterístico da zona. Por outro lado, os agricultores de *Wolayta* também cultivam e consomem leguminosas *(Phaseolus vulgaris, Phaseolus lunatus, Cajanus cajan, Vigna unguiculata)* e cereais como *Zea mays*, *Sorghum bicolor*, cevada, trigo e frutas.

## 5.10 Práticas de gestão na *darkuwaa*

São realizadas diferentes actividades de gestão na *darkuwaa,* com base nos conhecimentos indígenas dos agricultores. O objetivo é desenvolver o maior número possível de tipos de plantas na *darkuwaa.* A diversidade de espécies vegetais importantes na *darkuwaa* é elevada devido às actividades de plantação e proteção de ervas anuais e perenes e de plantas lenhosas perenes em combinação. No presente estudo, foi registado um total de 160 espécies de plantas, sendo o número máximo de 52 e o número mínimo de 24 por *darkuwaa.*

De acordo com as informações da população local, a aplicação de estrume animal e de outros resíduos domésticos no *darkuwaa* mantém a fertilidade do solo. Em quase todas as casas visitadas encontra-se um pequeno número de bovinos e outros animais de pequeno porte. A menos que se encontre em quantidades excessivas, o estrume de ovelha e de cabra é espalhado apenas nos cantos onde se cultivam couves e outros legumes. Esta é uma prática muito boa para conseguir um crescimento rápido dos legumes e também por razões sanitárias. Além disso, os anciãos mencionaram o facto de algumas plantas terem um papel importante na melhoria da fertilidade do solo e uma capacidade de conservar a humidade do solo. As espécies de plantas mencionadas incluem a *Cordia africana* Lam, *Erythrina brucei* Schweinf, e *Millettia ferruginea* (Hochst.) Bak.

Também se utilizam métodos de conservação para armazenar sementes e tubérculos para uso futuro, quando há escassez. Por exemplo, o milho e o sorgo podem ser conservados para utilização futura através de fumagem, mistura completa com cinzas, estrume animal ou pós de *Croton macrostachyus* Del. Além disso, as culturas de tubérculos podem ser enterradas debaixo do solo durante um período de tempo limitado (por exemplo, inhame e taro).

A seleção das culturas é outro método praticado pelos agricultores nas darkuwaa/horas caseiras. Para a seleção das plantas cultivadas, os homens assumem a responsabilidade mais do que as mulheres em *Wolayta.* A seleção depende de critérios como o rendimento, a qualidade e a quantidade das culturas, o período de tempo necessário para a plantação e a colheita, a resistência a doenças e a base socioeconómica dos agricultores.

Em geral, a agricultura era considerada a principal atividade dos homens em *Wolayta.* No entanto, as mulheres desempenham o seu próprio papel na gestão da horta e dos campos agrícolas. Por exemplo, o transporte do estrume do gado para as terras agrícolas, a preparação do solo, a monda e a colheita são algumas das actividades em que as mulheres estão diretamente envolvidas. As mulheres estão conscientes da utilização das plantas e dos meios de as manter, para além de identificarem as variedades locais e gerirem principalmente as plantas menores, como os legumes, as especiarias e as plantas com valor medicinal.

As hortas caseiras são reservatórios *in situ* para a agrobiodiversidade a nível genético, de espécies e ecológico. Não se efectuou qualquer colheita completa nestas hortas caseiras. Esta prática assegurou uma exportação mínima de nutrientes dos sistemas, enquanto que quantidades elevadas e diversidade de biomassa de folhada devem contribuir para uma elevada eficiência do ciclo de nutrientes. De acordo com alguns informantes de *Humbo Woreda,* um surto de pragas a um nível ameaçador raramente ocorreu na *darkuwaa.* No entanto, recentemente, os agricultores estão a levantar muitas questões sobre a murcha bacteriana da beterraba e as doenças dos frutos do cafeeiro nas suas *darkuwaa.*

## 5.11 Classificação da vegetação de jardim doméstico de *Wolayta*

A partir da análise numérica dos dados relativos às hortas familiares, foram identificados quatro tipos de hortas familiares utilizando o pacote informático Biodiversity Professional (Fig. 12). Os tipos de hortas familiares identificados através da análise de agrupamento são tratados como se fossem uma

tipos de comunidades. Das 60 parcelas, os agrupamentos englobam 58 e as duas restantes são autónomas (Tabela 16). Os tipos de hortas familiares foram designados com base nas espécies caraterísticas com maior abundância de cobertura e cada tipo de horta familiar tem o nome dos géneros de cada espécie. Cada tipo de horta familiar é descrito da seguinte forma.

Quadro 16 Tipo de horta doméstica e grupos de parcelas

| Home garden type | Plots |
|---|---|
| 1 | 1,10,59, 60, 53, 41, 15, 14, 27, 37, 40, 30, 23, 45 |
| 2 | 2, 5, 18, 57, 7, 8, 55, 17, 38, 50, 46, 39 |
| 3 | 3, 11,13, 28, 54, 56, 43, 12, 51, 35, 48, 22, 26, 19, 31, 6, 20, 25, 24, 44, 32, 34, 36, 29, 52, 49, 47, 33 |
| 4 | 4, 9, 58, 42 |
| Outliers | 16, 21 |

**1. Horta doméstica *do* tipo *Ensete-Coffea-Colocasia***: As espécies dominantes deste tipo de horta doméstica são *Ensete ventricosum* (Welw) Cheesman, *Coffea arabica* L., *Colocasia esculenta* (L.) Schoot.

Além disso, *Ipomoea batatas* (L.) Lam, *Persea americana* Mill., *Psidium guajava* L., *Musa paradisiaca* L., *Zingiber officinale* Roscoe e *Manihot esculenta* Crentz. são também abundantes. Este tipo de horta encontra-se nas APs de Gututo Larena, Shochora Ogodama, Dubo, Himbecho, Galcha Sake e Gacheno, na faixa altitudinal de 1650-1880 m.

**2. Horta doméstica *do* tipo *Ensete-Coffea-Persea***: *Ensete ventricosum* (Welw) Cheesman,

*Coffea arabica* L., *Persea americana* Mill. são as espécies dominantes deste tipo de horta. *Brassica carinata* A.Br., *Ipomoea batatas* (L.) Lam., *Musa paradisiaca* L., *Zea mays* L. são abundantes neste tipo de horta. Este tipo de horta doméstica, que se encontra principalmente na faixa altitudinal de 1690-1880 m, ocorre nas APs Galcha Sake, Koyo Sake e Achura.

**3. Horta doméstica *do* tipo *Ensete-Coffea-Ipomoea-Solanum*:** As espécies vegetais dominantes neste tipo de horta são *Ensete ventricosum* (Welw) Cheesman, *Coffea arabica* L., *Ipomoea batatas* (L.) Lam, e *Solanum tuberosum* L. Outras espécies de plantas abundantes neste tipo de horta incluem *Mangifera indica* L. *Citrus sinensis* Obseck., *Brassica carinata* A. Br., *Capsicum annuum* L., *Psidium guajava* L., *Plectranthus edulis* (Vatke) Agnew. Este tipo de horta doméstica encontra-se nas APs Harto Burkito, Gacheno, Galcha Sake, Woshe Gale e Ampo Koisha. A amplitude altitudinal deste tipo de jardim doméstico é de 1600-2300 m.

**4. Horta doméstica do tipo *Ensete-Coffea-Manihot*:** as espécies vegetais dominantes neste tipo de horta doméstica são *Ensete ventricosum* (Welw) Cheesman, *Coffea arabica* L. e *Manihot esculenta* Grentz. *Saccharum officinarum* L., *Phaseolus vulgaris* L, *Capsicum annuum* L., *Ocimum basilicum* L., *Brassica oleraceae* L., *Ipomoea batatas* (L.) Lam. e *Brassica carinata* A. Br. são também abundantes. Este tipo de horta é encontrado nas APs Gututo Larena, Shochora Ogodama, Elo Erasho e Koyo Sake. Encontra-se entre 1410-1850 m de altitude.

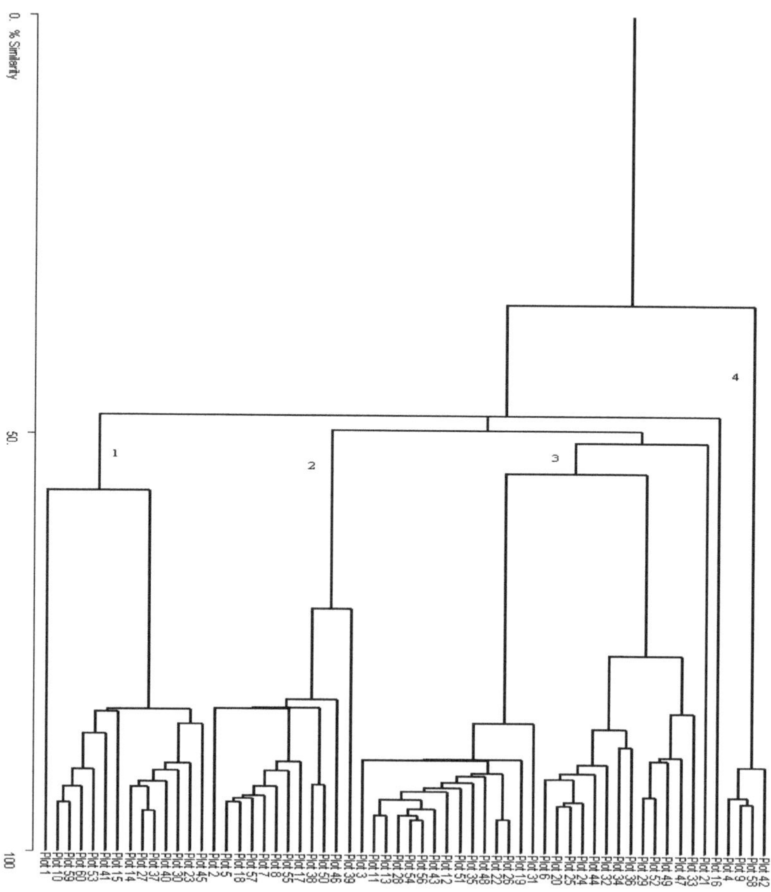


Fig.12 Dendrograma da vegetação de *darkuwaa* (Os números (1-4) indicam o tipo de horta caseira)

# CAPÍTULO 6. DEBATE

## 6.1 Caraterísticas gerais do *darkuwaa*

*As darkuwaa* de todos os locais de estudo constituem uma espécie de mancha florestal dominada por enset, geralmente situada no meio de campos de culturas de cereais de pequena dimensão. As árvores estão dispersas e crescem em associação com povoamentos visíveis de enset em *darkuwaa.* É frequente encontrar-se um povoamento espesso de algaroba na parte de trás da casa, sendo o outro lado ocupado por outras culturas. A horta de beterraba nos locais de estudo muda ligeiramente de posição quando as plantas jovens são colocadas nas margens em vez de serem encaixadas no espaço criado quando as plantas maduras são colhidas. A adição periódica de uma parcela de plantas jovens de beterraba pode aumentar a área ocupada pelas culturas. Assim, um povoamento maior de beterraba madura na parte de trás e um povoamento mais pequeno de beterraba juvenil nos lados são caraterísticas comuns das hortas caseiras de beterraba de *Wolayta.* O mesmo caso foi relatado no estudo de associações de culturas em *Wolayta* e *Gurage* (Zemede Asfaw e Zerihun Woldu, 1997).

*Darkuwaa* caracteriza-se pela presença de um pedaço de terra deliberadamente deixado como um campo verde de relva em frente da casa durante cerca de 20 a 30 anos, tal como referido por alguns informadores. Isto deve-se ao facto de a área servir de campo de jogos para as crianças, de local de repouso para a família e de local para eventos sociais, tal como também foi referido na horta doméstica etíope por Zemede Asfaw (2004). No entanto, hoje em dia, a escassez de terra, agravada pela pressão populacional, está a corroer esta tradição na zona. Até mesmo algumas famílias começaram a reivindicar o seu espaço para jardinagem, eliminando este espaço livre culturalmente valorizado e ecologicamente correto.

O uso primário da *darkuwaa* na área era para fonte de alimentação e cuidados de saúde. A *darkuwaa*, com uma elevada diversidade de plantas alimentares e um grande pomar de beterraba, desempenha um papel significativo no fornecimento de alimentos nutritivos ao agregado familiar. A diversidade de plantas do gaden doméstico determina o fornecimento de alimentos às famílias. O registo mais elevado de edema e de perda de peso foi observado em crianças com menos de cinco anos de idade (Quadro 13) cuja diversidade de plantas alimentares na sua horta doméstica é baixa. A taxa de ocorrência de doenças por deficiência alimentar, ao contrário de outros factores, foi menor em *darkuwaa* com alta diversidade de plantas alimentares do que em hortas com baixa diversidade de plantas alimentares. Por exemplo, um inquérito a nível nacional feito em 1996 mostrou que 53% dos homens e 26% das mulheres com 672 meses de idade tinham cegueira nocturna e manchas de Bitot, com as taxas mais elevadas nos indivíduos com 36 a 72 meses de idade. As taxas mais baixas deste problema de saúde foram documentadas em áreas onde as pessoas consomem enset, que é normalmente consumido com um vegetal de folha, a couve etíope *(Brassica carinata~)* que é rica em caroteno (Kaluski *et al.*, 2001). Com base em estudos experimentais (Shankar *et al.*, 1998) nos Países Baixos, a produção durante todo o ano e o consumo de frutas e legumes ricos em vitaminas, em comparação com o grupo de controlo sem hortas, aumentou significativamente. Isto, por sua vez, atenuou as carências de iodo, vitamina A e ferro, tornando os filhos dos horticultores menos propensos à xeroftalmia.

Os produtos da beterraba (Fig. 10) são ricos em hidratos de carbono, mas com baixo teor de proteínas e gorduras. O rendimento da beterraba varia em função das cultivares/landraças utilizadas e do clima. De acordo com o inquérito nacional sobre a produção de beterraba, o rendimento médio de *Qocho* e *Bulla* por planta adulta de beterraba é de 30,2 e 1 kg, respetivamente (CSA, 1997). Shank e Ertiro (1996) referiram que o rendimento da beterraba Qocho varia entre 19,7 e 84,6 kg por planta, com uma média de 44,2 kg a 50% de humidade. Admasu Tsegaye e Struik (2001) obtiveram um rendimento *Qocho* de 54 kg por planta transplantando a beterraba duas vezes. Por conseguinte, é evidente que, mesmo quando se considera o rendimento médio inferior de cerca de 31 kg por planta, a sua produtividade é de cerca de 10 toneladas-1ha-1ano, o que a torna uma das culturas mais produtivas do país. Admasu Tsegaye (2002) comparou a produtividade da beterraba sacarina com outras culturas alimentares cultivadas na Etiópia e descobriu que o rendimento comestível e a produção de energia da beterraba sacarina por unidade de área e de tempo eram os mais elevados, de modo a sustentar um grande número de pessoas na Etiópia, particularmente no sul e no sudoeste do país.

De acordo com Zemede Asfaw (2004), as culturas como *Ensete ventricosum, Coffea arabica, Brassica carinata* beneficiam da urina e dos excrementos dos animais que correm para o jardim. O mesmo estilo acontece na *darkuwaa* de *Wolayta.* As mulheres de *Wolayta* assumem a responsabilidade de propagar, gerir, colher e também de vender e dar a outras pessoas especiarias e plantas medicinais que são colocadas num lado limpo, imediatamente atrás da casa (Zemede Asfaw, 1997, 2002). A quota-parte das mulheres nas tarefas do jardim perto da habitação é geralmente significativa em *Wolayta*. Tal como o informador mencionou durante o estudo, as mulheres passam muito tempo à volta das casas, selecionando sementes, limpando e mondando e influenciando de muitas formas as actividades agrícolas diárias. Todas as suas tarefas na área de estudo são essenciais, tornando-as factores-chave nas relações de produção e de subsistência

A população de *Wolayta* acredita que os pomares de beterraba dos agricultores fortes fazem com que a casa se esconda à distância. Os pomares também capturam o fumo proveniente da casa, distribuindo-o por todo o jardim de modo a repelir as pragas de insectos. Há quem afirme que o fumo tem um impacto positivo no crescimento e desenvolvimento da beterraba, embora ainda não tenham sido comunicados quaisquer trabalhos científicos. Além disso, algumas espécies (por exemplo, *Pycnostachys* abyssinica) que são utilizadas como vedação viva na área de estudo também emitem fragrâncias que as pessoas acreditam repelir as pragas de insectos. De acordo com Zemede Asfaw (2002), os padrões gerais da *darkuwaa* madura mostram que o tamanho da planta aumenta sucessivamente com a distância da casa. O presente estudo também confirma um resultado semelhante. Além disso, Okigbo (1994) descreveu que a diversidade biológica é mais elevada perto das casas e diminui mais longe, tornando-se quase uma única espécie no extremo do jardim para paisagens cultivadas em África.

Admasu Tsegaye (2002) descreveu que a beterraba tem atributos ideais para sistemas de produção agrícola sustentáveis com poucos factores de produção e um rendimento elevado. Pode ser colhida em qualquer altura, quando tem cerca de quatro anos de idade, e não necessita de factores de produção externos. Além disso, protege e/ou melhora o ambiente, protegendo o solo da erosão e do escoamento. Resultados semelhantes foram relatados pela população local no presente estudo e também confirmados no estudo da CSA (1997). O alfinete também serve de sombra e melhora o microclima para a vegetação rasteira, e a folhagem das folhas e outras partes melhoram a fertilidade do solo.

Ao contrário das plantas anuais, uma pequena parte da biomassa é retirada da horta durante a colheita, enquanto a maior parte é devolvida diretamente como cama ou indiretamente através do estrume. A fibra extraída durante a transformação da *beterraba* é utilizada localmente para fazer cordas, cordéis e outros produtos, como também descrito em Bizuayehu Tesfaye (2002). Os restos durante a colheita, bem como os desbastes e as folhas da beterraba são importantes fontes de forragem para o gado (Fig.10). As folhas, bem como as bainhas de folhas secas, são também utilizadas como materiais de embalagem, de embrulho e de encadernação. Além disso, algumas variedades autóctones de beterraba são utilizadas na medicina humana e animal (Fig. 10). Por conseguinte, não há dúvida de que esta planta tem suportado uma população muito densa durante um longo período de tempo. No entanto, os agricultores queixam-se de que a produtividade da beterraba e do café está agora a diminuir devido à murcha bacteriana da beterraba e às doenças da baga do café.

Apesar de os locais de amostragem terem sido considerados em quatro woredas diferentes, os dados das hortas caseiras mostraram que *Enset ventricosum* e *Coffea arabica* são as espécies dominantes que ocorrem normalmente em todas as hortas caseiras estudadas. Além disso, com base na análise de agrupamento dos dados da horta , foram identificados quatro tipos de comunidades, tendo as duas espécies acima referidas os valores mais elevados de abundância de cobertura (Fig.12). No entanto, estes quatro tipos de comunidades identificados no presente estudo não correspondem ao conceito de comunidade vegetal aplicado às associações de plantas em ambiente natural, pelo que se utiliza o termo tipo de horta doméstica.

Em algumas áreas, como *Himbecho, Boloso Sore Woreda,* as plantas/espécies cultivadas em casa estavam a ser substituídas por uma cultura comercial na área chamada *Zingiber officinale* Roscoe, uma especiaria e planta medicinal em que os rizomas são mastigados ou fervidos com chá e tomados como remédio para amigdalite e tosse. Esta espécie era cultivada principalmente nas localidades da *Woreda* acima referida na *Zona.* Como testemunho, as duas parcelas 16 e 21 (Tabela 16 e Fig.12) são consideradas como anómalas, uma vez que estas hortas são de Achura e Himbecho, cobertas principalmente com *Zingiber officinale.* Os agricultores que cultivam esta cultura na horta e no campo são ricos em comparação com outros que cultivam outras culturas, pois recebem uma boa quantia de dinheiro em troca. Em contraste, as famílias das duas APs, *Koyo Sake* e *Galcha Sake,* de *Damot Woyde* cultivam abacate (*Persea americana*) como uma cultura de rendimento, para além de *Coffea arabica*, e são fonte de dinheiro e de alimentos.

A proteção, seleção ou monda de espécies ou variedades que ocorrem espontaneamente é uma caraterística importante na gestão da diversidade de espécies nas hortas caseiras. O enriquecimento resulta quando os membros individuais de um agregado familiar escolhem cultivar as variedades de especial interesse para eles.

A variabilidade na composição das plantas reflecte frequentemente preferências divergentes entre os membros do agregado familiar e a diferente ênfase que dão ao uso das plantas para fins específicos. Nair (2001) apresentou resultados semelhantes no seu estudo intitulado "As hortas domésticas tropicais iludem a ciência, ou é o contrário?

Tal como descrito no estudo de Belachew Wassihun *et al.* (2003), a população local de Gamo tem um conhecimento indígena sobre a plantação de *Coffea arabica* perto de *Cordia africana*, que é usada como sombra e a sua folhada contribui para melhorar as condições do solo. No entanto, de acordo com alguns informadores mais velhos, a plantação de *Coffea arabica* dentro da plantação de *Ensete ventricosum* perto do curral do gado, onde o estrume está disponível em grandes quantidades, tem sido praticada principalmente em *Wolayta.* Isto porque a ensete proporciona sombra e conserva a humidade devido às suas folhas maiores e às suas bainhas de folhas esponjosas.

De acordo com Nair (2001), é geralmente aceite que a evolução das hortas domésticas tropicais está intimamente relacionada com as restrições de recursos, principalmente a pressão populacional e a consequente redução das terras disponíveis. Isto também é verdadeiramente aplicável à área objeto do presente estudo. A prática de plantar enset como primeira planta da *darkuwaa* sempre que um novo agregado familiar se instala numa terra recentemente desbravada pode ser considerada como uma prova de apoio a esta conjetura.

### 6.2 Diversidade florística em *darkuwaa*

As hortas caseiras de café de enset dos *Wolayta* no presente estudo contêm um total de 160 espécies de plantas, entre as quais foram registadas 112 plantas úteis (Anexo I). O número médio das espécies de plantas mais úteis por horta foi de 14,6 (Quadro 7). Das 112 espécies de plantas úteis identificadas, 23 (20,54%) foram utilizadas como plantas medicinais tradicionais e distribuídas por 19 géneros em 13 famílias. Resultados comparáveis foram obtidos por Etana Tolosa (2007) a partir de um estudo realizado em Gimbi Woreda, na Etiópia Ocidental, sobre plantas medicinais de hortas selvagens e caseiras, e identificou 23 (44,2%) plantas medicinais de 52 espécies de plantas registadas em 12 hortas caseiras.

Duas APs *(Achura* e *Dubo}* de *Boloso Sore Woreda* têm o valor médio de equidade mais elevado (Quadro 7). Isto deve-se ao facto de a proporção de *Ensete ventricosum* e *Coffea arabica* nestas AP ser reduzida e ocupada pela cultura comercial recentemente conhecida, *Zingiber officinale.* Os valores de equidade média total não são suficientemente elevados para justificar a uniformidade na composição das espécies de culturas noutras áreas, com exceção das acima mencionadas. Isto é esperado surpreendentemente, porque neste agroecossistema nem todas as culturas são necessárias em igual volume. Por exemplo, as culturas alimentares básicas que são consumidas em grandes quantidades necessitam necessariamente de uma grande área de produção em comparação com plantas como especiarias e medicinais que são necessárias em pequenas quantidades e cultivadas em áreas mais pequenas.

Por outro lado, 54 plantas alimentares (Quadro 9) foram registadas no presente estudo, considerando *Ensete ventricosum, Ipomoea batatas,* e *Zea mays* na 1ª 1ª, 2ª 2ª, e 3ª 3ª posição respetivamente (Quadro 11). Isto mostra que as culturas mencionadas são as plantas alimentares dominantes na área de estudo. Para além disso, ao contrário de outras funções, há espécies de plantas usadas habitualmente como medicinais e alimentares pelos indígenas (por exemplo, *Moringa stenopetala, Allium sativum,* e *Solanum dasyphyllum).* Zemede Asfaw e Zerihun Woldu (1997) registaram 60 espécies de plantas cultivadas com uma média de 14,4 em *Wolayta* e é comparável às 74 espécies de plantas mais úteis registadas com uma média de 14,6 em cada horta no presente estudo.

Segundo Brownrigg (1985), a diversidade biológica é uma caraterística fundamental das hortas caseiras tradicionais. Isto é confirmado pela ocorrência de 160 espécies de plantas nas hortas caseiras estudadas (Anexo I). Todas as hortas caseiras na área de estudo estão confinadas apenas a duas zonas agroclimáticas, (91,7%) eram de zonas de altitude média ( *barguwaa* ) e os restantes 8,3% eram de altitudes mais baixas *(*zona agroclimática *gara*). A área total de todas as hortas caseiras é de 31034 $m^2$ (3,1 ha.). Isto mostra que o tamanho de uma horta doméstica é muito pequeno (comparado com 21 hortas domésticas (6,0 ha.) com uma diversidade de plantas de 170 espécies estudadas na área de Bonga, sudoeste da Etiópia por Feleke Woldeyes (2000)). A razão para isto deve-se a um aumento alarmante da população nas zonas de montanha e à subsequente redução do tamanho da terra e a outros factores socioeconómicos.

Das 67 espécies de plantas comuns a quatro woredas (Quadro 8), nove espécies, incluindo *Ensete ventricosum, Ipomoea batatas e Brassica carinata*, apresentaram a maior frequência relativa de ocorrência nas parcelas de amostra de cada local de estudo (Quadro 12)

No entanto, a ocorrência de um bom número de espécies de plantas nas hortas caseiras deve-se ao facto de os agricultores tentarem ter o máximo de diversidade de plantas cultivadas nas suas hortas (Feleke Woldeyes, 2000). Um estudo realizado no Alto Amazonas peruano, em Santa Rosa, constatou que as famílias com a maior diversidade de culturas na sua horta doméstica dependiam das hortas para as suas necessidades de subsistência, uma vez que os seus campos exteriores tinham uma baixa diversidade de culturas. De um total de 168 espécies de plantas identificadas pela amostra do estudo, 65 espécies apareciam apenas numa horta e apenas 22 espécies estavam representadas em mais de metade das hortas. A diversidade de espécies de plantas no presente estudo é comparável com as hortas caseiras de Santa Rosa (Padoch e de Jong, 1991). Em contrapartida, em 41 hortas caseiras de uma pequena aldeia no oeste de Java, foram registadas 219 espécies diferentes na estação seca (Soemarwoto e Conway, 1991), que contém um maior número de espécies de plantas do que o presente estudo.

A maioria dos relatórios sobre hortas domésticas indica a diversidade total de espécies vegetais, incluindo culturas, árvores, plantas ornamentais, trepadeiras e outras ervas. Assim, o número é frequentemente elevado. Por exemplo, Mendez e Somarriba (2001) relataram a ocorrência de 324 espécies de plantas nas hortas caseiras da Nicarágua. Destas, 180 (56%) eram ornamentais, 40 eram árvores de fruto e apenas 12 eram culturas alimentares e especiarias. Da mesma forma, nas amplamente conhecidas hortas caseiras de Java, Jensen (1993) encontrou 60 espécies de plantas em apenas uma horta de 0,13 hectare, das quais 21 eram ornamentais. No entanto, a diversidade de plantas no presente estudo é inferior à diversidade nos trabalhos relacionados acima mencionados. Isto pode dever-se aos diferentes factores que afectam a diversidade vegetal descritos neste trabalho e à estação do ano em que os dados foram recolhidos.

Como os informantes descreveram durante o período de entrevistas, a diversidade das hortas domésticas diminui durante a estação seca, que vai de dezembro a março. O início da estação das chuvas, em abril, é acompanhado por um aumento da diversidade, que atinge o seu ponto máximo em agosto, quando a maior parte das culturas da horta, plantadas no início da estação, estão prontas para a colheita ou já foram colhidas.

A necessidade de manter uma elevada diversidade de plantas na horta doméstica decorre de objectivos como a autossuficiência na produção de quase todos os produtos necessários para a subsistência (Cromwell *et al,* 1999), a minimização da perda de colheitas devido a riscos, a produção de diversos produtos alimentares que satisfaçam as necessidades nutricionais do agregado familiar e a necessidade de ter colheitas que possam ser colhidas durante todo o ano. A estrutura vertical de três camadas identificada em *darkwaa* também mostra a produção contínua que partilha alguma semelhança com a da horta doméstica tradicional na área de Bonga, sudoeste da Etiópia, estudada por Feleke Woldeyes (2000) e o estudo realizado sobre a diversidade de sistemas agroflorestais de horta doméstica na zona de Sidama por Tesfaye Abebe (2005).

Além disso, há uma dupla razão para aumentar a diversidade de plantas na horta caseira, embora o seu tamanho seja pequeno: uma introdução contínua de novas espécies de plantas e a proteção das que crescem espontaneamente por si próprias. Há um fluxo de diversidade para a *darkuwaa* a partir de diferentes fontes. Estas são mercados, vizinhança, escolas, pátios de igrejas e outras instituições (Oakley, 2004). O mercado no contexto das hortas caseiras e a partir de um conceito de diversidade genética é crucial para facilitar a troca de germoplasma entre os membros da comunidade, bem como entre comunidades. A troca de germoplasma vegetal é muito importante para a evolução e melhoramento das culturas/plantas. Além disso, é essencial para a produção contínua e sustentável de alimentos nas hortas caseiras, mesmo que a troca de diversidade genética possa ser restrita ao mercado local. O mercado pode ser um importante ponto de entrada para novas culturas ou variedades na estação chuvosa da área de estudo e, portanto, pode ligar a horta individual a uma rede maior, como também relatado em Engels (2002) e Oakley (2004).

### 6.3 Sustentabilidade da horta doméstica

As hortas caseiras tropicais são frequentemente descritas como sistemas sustentáveis de uso da terra (Mandez, 2000) mas não há análises detalhadas das hortas caseiras para apoiar esta afirmação, nem há consenso sobre o que significa sustentabilidade no contexto das hortas caseiras (Torquebiau, 1992). Nas aldeias com poucos empregos fora da agricultura, a diversidade e o número de espécies cultivadas nas hortas caseiras é geralmente elevado. Quando a mão de obra é escassa, as pessoas cultivam mais plantas perenes e menos plantas anuais, uma vez que as plantas perenes requerem menos cuidados intensivos

No entanto, de acordo com Cromwell *et al.* (1999), a elevada diversidade de espécies na horta doméstica, que combina culturas, árvores e animais com diferentes usos e ciclos de produção, é considerada como uma componente essencial do sistema agrícola sustentável ao nível do agregado familiar (Young, 1989) devido aos amplos papéis socioeconómicos e ecológicos que desempenha nestes sistemas. Estes papéis incluem: produção de alimentos durante todo o ano e uma vasta gama de outros produtos, tais como lenha, forragem, especiarias, plantas medicinais e ornamentais. Além disso, presta serviços ecológicos mais vastos, como a proteção da paisagem, a proteção dos solos e a prevenção de deteriorações ambientais normalmente associadas a sistemas de produção monoculturais. Isto deve-se, em grande parte, ao ciclo eficaz de nutrientes e ao risco relativamente pequeno de lixiviação e erosão do solo. Da mesma forma, foi mencionado por alguns dos informantes que as hortas caseiras são o local de produção contínua para os membros do agregado familiar e mantém o sistema ecológico. Assim, cumprem alguns dos papéis importantes que tornam a horta sustentável. Entre os atributos ecológicos e socioeconómicos de um agroecossistema sustentável, foram mencionados a conservação da fertilidade do solo e o controlo da erosão, a modificação do microclima, a produção diversificada ao longo do ano, a diversidade de papéis sociais, o uso de insumos endógenos, a flexibilidade de gestão e o impacto limitado sobre outros sistemas.

Além disso, de acordo com Engels (2002), o potencial das hortas caseiras tradicionais para servirem de repositórios de diversidade genética é elevado. Além disso, actua como seguro contra pragas e surtos de doenças, que podem ser muito graves em povoamentos monoculturais. Assim, os riscos de insucesso da produção diminuem com o aumento da produtividade dos recursos ao longo do tempo através de actividades de boa gestão, expansão da quantidade e qualidade da mão de obra aplicada na horta.

### 6.4 A horta caseira como sítio de conservação in situ

Este agro-ecossistema constitui um sistema agrícola tradicional encarregado da produção de culturas, conservando simultaneamente um número significativo de diversidade vegetal (agro-diversidade) na exploração (Christanty, 1990; Fernandes e Nair, 1990; Zemede Asfaw,

2002).

*Darkuwaa* serve *para a* conservação *in situ* de uma valiosa agrobiodiversidade e para a sustentabilidade do ecossistema circundante. Trata-se de um ecossistema cuidadosamente gerido, com uma interação dinâmica entre os factores bióticos, abióticos e socioculturais, tal como referido por Power e Flecker (1996) e Millat-e-Mustafa (1998). Cento e sessenta espécies de plantas registadas no presente estudo mostram relativamente que a horta doméstica é rica em diversidade, servindo de via para a conservação in situ. Este facto foi confirmado no local de estudo, na medida em que algumas espécies (por exemplo, *Capsicum frutescens* L.), que foram introduzidas na natureza num passado próximo, passaram agora a ser cultivadas pela população local e as espécies vegetais da zona nunca foram completamente colhidas na sua horta.

Foram efectuados alguns estudos para promover a utilização e o desenvolvimento das hortas domésticas rurais para a conservação *in situ* da biodiversidade agrícola, por exemplo em Cuba (Jarvis *et al.,* 2000), demonstrando o valor da manutenção da diversidade através da sua utilização. Do mesmo modo, a gestão das hortas caseiras pelos agricultores de *Wolayta* é considerada como um tipo de conservação *in situ* dos recursos genéticos vegetais, uma vez que mantém a agrobiodiversidade. Tem as vantagens de preservar os processos de evolução e adaptação das culturas nos seus microambientes, e de conservar a diversidade a todos os níveis (ecossistema, espécies e genes).

Uma vez que as hortas caseiras são parcelas de observação e locais de conservação in-situ para os agricultores, são-lhes introduzidas diferentes plantas. Por exemplo, nas APs de *Humbo* e *Damot Woyde Woreda, a Moringa stenopetala* (árvore de repolho) foi introduzida de Konso, no sudoeste da Etiópia, e agora tornou-se uma espécie de planta dominante da vegetação das hortas caseiras nas áreas de planície de *Wolayta.* Feleke Woldeyes (2000) também confirmou no seu estudo que as hortas familiares eram o local de observação e de conservação na exploração agrícola de diferentes espécies de plantas. De acordo com Zemede Asfaw (2001), a diferença entre plantas selvagens, toleradas e cultivadas nas regiões tropicais não era claramente conhecida. No entanto, está muito bem ilustrada na *darkuwaa* de *Wolayta.* As plantas são transplantadas da natureza, trazidas para o jardim e escapam para o estado naturalizado. Em *Wolayta*, observou-se o movimento de espécies vegetais úteis do estado selvagem para o cultivado e de volta para o ambiente selvagem (por exemplo, *Solanum dasyphyllum* e *Capsicum frutescens).* Okigbo (1994) também considerou que as paisagens cultivadas tropicais são as mais ricas em biodiversidade perto das casas, sugerindo que as hortas ocupam uma posição central. A conservação *in-situ* da biodiversidade nos campos dos agricultores foi considerada uma área muito importante na convenção sobre a diversidade biológica (CBD, 1994). As hortas caseiras tradicionais podem ser locais de promoção desta importante resolução da convenção. Outra dimensão desta prática é o benefício que os agricultores obtêm da diversidade de produtos e das suas complementaridades nutricionais, juntamente com a segurança alimentar e a regularidade do abastecimento.

### 6.5 Factores que afectam a diversidade da horta doméstica

A diversidade de espécies da horta doméstica na área de estudo é afetada por diferentes factores. Entre estes, o tamanho da horta é o principal fator de declínio da diversidade de espécies, seguido do padrão de precipitação da área (Quadro 14). À medida que a propriedade fundiária per capita aumenta, o tamanho da horta também aumenta, assim como a diversidade de espécies de plantas na horta, como confirmado no estudo de Tesfaye Abebe (2005). No entanto, ao contrário de outros (APs de Damot Gale), o tamanho das hortas caseiras é muito pequeno e, em contrapartida, a diversidade é elevada (com um número médio de 51,7 espécies de plantas). Aqui, a propriedade da terra em geral é muito pequena, com uma densidade populacional de 750 pessoas/km $^2$ ao nível do woreda. Isto deve-se à forte atividade dos agricultores para satisfazerem as suas necessidades a partir da *darkuwaa.*

As hortas domésticas perto das cidades de mercado, particularmente em agregados familiares abastados, tendem a enfatizar as culturas de rendimento de alto valor em vez de alimentos básicos (por exemplo, *Coffea arabica, Persea americana, Zingiber officinale').* Por outro lado, os agricultores tendem a compensar a sua falta de acesso a mercados e recursos produzindo o máximo possível do seu consumo a partir da produção doméstica. Este é um resultado comparável ao de Soemarwoto e Conway (1991). Uma maior dependência do rendimento extra-agrícola resulta em menos mão de obra disponível na horta e, portanto, o nível de diversidade torna-se baixo. Além disso, os recursos do agregado familiar, como a terra, o trabalho e o capital, o contexto socioeconómico, o estado de fertilidade do solo e a distância da casa afectam a diversidade e a composição das espécies.

Os factores biofísicos, como a altitude da área de estudo (Quadro 14), afectaram a diversidade das espécies de culturas. Nos locais de menor altitude, onde a temperatura é mais elevada, a percentagem de culturas como a batata-doce é elevada devido à sua adaptabilidade. Soemarwoto e Conway (1991) registaram uma diminuição da diversidade de espécies vegetais das hortas domésticas com o aumento da altitude na horta doméstica javanesa. O mesmo resultado é confirmado no presente estudo, segundo o qual a altitude tem um efeito negativo na riqueza de espécies. Zemede Asfaw e Ayele Nigatu (1995) também registaram um maior número de espécies de plantas cultivadas nas hortas caseiras das zonas agroecológicas *de Woyna Dega* do que nas zonas agroecológicas *de Dega* .

O acesso ao mercado, quer através da proximidade física do próprio mercado, quer através de uma ligação criada pela infraestrutura rodoviária, afectou significativamente a maior parte da diversidade de espécies vegetais úteis. No entanto, os efeitos nem sempre foram semelhantes. Os agricultores próximos dos mercados cultivam relativamente menos espécies vegetais, porque a disponibilidade de acesso ao mercado mais próximo incentiva-os a concentrarem-se na produção de produtos comercializáveis e a comprarem nos mercados outros produtos necessários para consumo. Estes resultados confirmam relatórios anteriores que indicavam que a diversidade de espécies das hortas caseiras localizadas perto de áreas de mercado é baixa porque os agricultores locais dão prioridade apenas a algumas culturas comerciais (Tesfaye Abebe, 2005; Feleke Woldeyes, 2000; Jensen, 1993; Marten e Abdoellah, 1988). A melhoria do acesso ao mercado devido à construção de estradas também tem efeitos semelhantes aos descritos em Kaya *et al.* (2002).

Por outro lado, o acesso a estradas principais não afectou a riqueza de espécies vegetais da horta doméstica. Nos locais com acesso à estrada, por exemplo em *Damot Gale, Boloso sore Woreda,* e *Humbo Woreda,* os agricultores produziram a maior parte das culturas necessárias para a sua subsistência, mas reduziram significativamente a quota de algaroba e café em favor de outras culturas de rendimento cuja comercialização foi realizada devido ao acesso à estrada (por exemplo, *Solanum tuberosum* em Damot Gale, e *Zingiber officinale* em *Boloso Sore, Ipomoea batatas* em Humbo Woreda). Uma situação em que se verificou uma tal substituição de culturas básicas tradicionais foi também registada nas hortas caseiras Chagga na Tanzânia (Fernandes *et al.,* 1984), onde o milho estava gradualmente a substituir o alimento básico, a banana.

# CAPÍTULO 7. CONCLUSÃO

*Darkuwaa* /hortas caseiras tradicionais/ é a via mais importante para o cultivo de alimentos, medicamentos, culturas de rendimento e outras espécies de plantas importantes. Este agroecossistema estável serve, portanto, para satisfazer as necessidades de subsistência da população local da zona. Por exemplo, as culturas alimentares básicas, como a beterraba, a batata-doce e o milho, que são ricas em hidratos de carbono, são complementadas por leguminosas, vegetais, frutos e produtos animais que fornecem proteínas, gorduras e vitaminas. Isto contribui para uma composição alimentar equilibrada, necessária para famílias saudáveis e produtivas, de modo a evitar doenças carenciais.

Foram registadas cento e doze espécies de plantas úteis de um total de 160. No entanto, entre 112 espécies de plantas úteis, mais uma vez 75 espécies de plantas mais úteis foram registadas pela população local. O alfinete, a batata-doce e o café estão entre as espécies de culturas mais frequentes nas parcelas das hortas caseiras. No entanto, a sua diversidade varia de uma parcela para outra. O alfinete é o alimento básico na área, enquanto o café é uma cultura de rendimento e também consumido em casa pela comunidade. Entre outras, duas culturas perenes, a algaroba e o café, e a sua integração com uma multiplicidade de outras culturas e árvores são benéficas tanto do ponto de vista ecológico como socioeconómico. Estes sistemas servem para controlar pragas e doenças, a erosão do solo e para melhorar o microclima, bem como para manter os níveis de nutrientes do solo. Consequentemente, são menos dependentes de factores de produção externos.

A gestão de agro-ecossistemas multi-espécies, baseada em culturas perenes que satisfazem as necessidades de subsistência e de dinheiro das famílias, aumenta a sustentabilidade da horta doméstica. Em contrapartida, a substituição das hortas de enset-café de vários andares por monoculturas de novas culturas de rendimento e alimentares, em particular de culturas anuais, é suscetível de reduzir os benefícios ecológicos derivados dos sistemas integrados e complexos e de ameaçar a sua sustentabilidade a longo prazo.

Há séculos que existe uma relação íntima entre a população local e as plantas em *Wolayta*. Este facto leva à ocorrência de uma grande diversidade de plantas na *darkuwaa*. As espécies de plantas de horta são cultivadas na área principalmente para alimentação e cuidados de saúde. No presente estudo, foram registadas 54 espécies de plantas alimentares e 23 espécies de plantas com valor medicinal. O povo *Wolayta* acreditava verdadeiramente no poder curativo das plantas medicinais e, por isso, conservava-as localmente para uso futuro (por exemplo, *Moringa stenopetala* e *Artemisia absinthium* para curar a malária em zonas baixas como *Elo Erasho, Gututo Larena e Shochora Ogodama).*

No entanto, o conhecimento indígena está atualmente ameaçado pelo avanço da tecnologia e pelas tendências de modernização que minam o conhecimento local. Recentemente, estão a ser introduzidas árvores de fruto, que são a fonte de rendimento da região (por exemplo, *Persea americana* e *Psidium guajava).* A introdução destas e de outras árvores na *darkuwaa* está a provocar alterações na composição florística da *darkuwaa.*

A estrutura das hortas domésticas e a prática agrícola permitiram a manutenção de um grande número e variedade de espécies úteis, ativamente através do cultivo ou passivamente, encorajando-as e tolerando-as dentro da horta doméstica. No entanto, este agroecossistema específico na área de estudo mostrou uma rápida perda de biodiversidade vegetal. Isto pode ser elaborado de tal forma que a perda de variedades de plantas cultivadas (batata-doce e milho) de *Elo Erasho* e *Ampo Koisha*, conforme relatado pelos informantes, e a redução considerável do número de plantas medicinais cultivadas na área. Assim, isto leva à diminuição da riqueza de espécies e dos usos das plantas através da erosão genética e cultural. Na área de estudo, como relataram os informantes, os jovens têm estado a abandonar a área para os centros urbanos devido à escassez de terra para satisfazer as suas necessidades. Este e outros factores, como a modernização da agricultura, têm influência na agrobiodiversidade da horta doméstica. A modernização da agricultura nos campos agrícolas e nas hortas caseiras teve o maior impacto na diversidade biológica e nos conhecimentos, práticas e habilidades indígenas. Com a morte dos membros mais velhos da comunidade, muita da informação etnobotânica local perdeu-se, pois não havia informação documentada.

# CAPÍTULO 8. RECOMENDAÇÕES

- A manutenção do *darkuwaa* /agroecossistema tradicional/ é uma estratégia de complementaridade entre a conservação *in-situ* e *ex-situ* da biodiversidade, nomeadamente da biodiversidade vegetal, pelo que deve ser considerada como uma área prioritária de conservação.
- Há uma clara necessidade de captar o conhecimento local, a prática relacionada com a gestão e utilização de plantas antes que estas se percam para o futuro.
- Antes que a transformação cultural destrua o sistema tradicional, devem ser dedicados maiores esforços aos inquéritos, à documentação e à conservação do conhecimento local e da agrobiodiversidade nos restantes woredas da *Zona de Wolayta* e noutras áreas, para se ter uma melhor compreensão da riqueza da informação disponível
- A introdução de espécies vegetais exóticas (por exemplo, *Psidium guajava}* afecta as espécies vegetais autóctones existentes nas hortas domésticas e nas suas imediações, diminuindo a diversidade biológica na área local. Assim, as instituições e os indivíduos interessados devem desempenhar um papel ativo para contrariar este fenómeno em colaboração com as comunidades locais.
- Os esforços de investigação e desenvolvimento devem prestar atenção à sustentabilidade das hortas caseiras como parte dos sistemas agrícolas que desempenham um papel crucial na segurança alimentar e nas necessidades nutricionais das comunidades.
- A investigação também deve ser conduzida para aliviar a perda de produtos da beterraba causada pela murcha bacteriana e do café pela doença da baga do café. Estas doenças são frequentemente apontadas pelos informadores em todas as áreas de estudo como os principais problemas na redução da produção tanto da beterraba como do café, que são as principais fontes de subsistência das comunidades.
- As organizações de desenvolvimento devem participar na melhoria dos meios de subsistência rurais, promovendo a horticultura doméstica com o objetivo de reduzir a pobreza, bem como de melhorar a quantidade e a qualidade do abastecimento alimentar das famílias e de melhorar a nutrição, a nível familiar e comunitário.
- Finalmente, como a pressão populacional é elevada e as propriedades fundiárias são muito pequenas na zona, o programa de reinstalação e o desenvolvimento de pequenas empresas iniciado pelo governo devem ser motivados e encorajados.

# REFERÊNCIAS

Abdoellah, O. (1990). Hortas caseiras em Java e seu desenvolvimento futuro. **In**: *Tropical Home Gardens*, pp.69-79 (Landauer, K. e Brazil, M., eds.), The UNU Press, Tóquio.

Admasu Tsegaye (2002). On indigenous production, genetic diversity and crop ecology of enset *(Enset ventricosum* (Welw.) Cheesman). Dissertação de doutoramento, Universidade de Wageningen, Países Baixos.

Admasu Tsegaye e Struik, P.C. (2001). Rendimento de *Enset (Enset ventricosum* (Welw.) Cheesman) 'qocho' sob diferentes métodos de estabelecimento da cultura em comparação com o rendimento de outras culturas alimentares ricas em hidratos de carbono. *Jornal Holandês de Ciências Agrícolas* **49**: 81-94.

Agelet, A., Bonet, M.A. e Valles, J. (2000). As hortas caseiras e o seu papel como principal fonte de plantas medicinais nas regiões montanhosas da Catolónia (Península Ibérica). *Econ. Bot.* **54**(3): 295-309.

Agnihotri,R.K., Sharma, S., Joshi, M. e Palni, L. M. S. (2006).Crop Diversity in home gardens of the Kumaun Region of Central Himalaya, India, FAO-IPGRI, *PGR Newsletter* **138**:2328.

Altieri, M.A. (1999). O papel ecológico da biodiversidade nos agroecossistemas. *Agricultura, Ecossistemas e Meio Ambiente* **74**:19-31.

Altieri, M.A. (1995). *Agroecology:* The Science of Sustainable Agriculture, 2ª ed. Westview Press.

Bashir Jama, Eyasu Elias e Mogotsi, K. (2006): Role of agroforestry in improving food security and natural resource management in the drylands: a regional overview. *Journal of the Drylands* **1**(2): 206-211.

Belachew Wassihun, Zemede Asfaw, Sebsebe Demissew (2003).Estudo etnobotânico de plantas úteis em *Daniio Gade* (hortas caseiras) no sul da Etiópia. *Ethiop. J. Biol. Sci.* **2**(2):119- 141.

Berhanu Adnew (2004). The food security role of Agriculture in Ethiopia (O papel da agricultura na segurança alimentar na Etiópia). *Journal of Agricultural and Development Economics* **1** (1): 138-153.

Birol, E., Smale, M. e Gyovai, A. (2004). *Managing agricultural Biodivesity in a traditional economy: Uma análise das explorações agrícolas familiares húngaras*. Workshop IPGRI-IFPRI-FAO sobre "valorização da diversidade biológica das culturas num contexto de desenvolvimento". 29-30 de março de 2004. Roma, Itália.39pp.

Bizuayehu Tesfaye (2002). Estudos sobre a diversidade de Landrace, Regeneração in vivo e in vitro de Enset *(Enset ventricosum* Welw.). Dissertação de doutoramento, Universidade Humboldt, Berlim, Alemanha.

Borthakur, S.K., Sarma, T.R., Nath, K.K. e Deka, P. (1998). The House gardens of Assam: a traditional Indian Experience of management and Conservation of Biodiversity I. *Ethnobotany* **10**: 32-37.

Brandt, S.A., Spring, A., Hiebsch, C. e Gizachew Woldemichael (1997). *A 'Árvore contra a Fome'. Enset-BasedAgricultural Systems in Ethiopia.* American for the Advancement of Science, Florida.

Brookfield, H. (2001). *Exploring Agrobiodiversity (Explorando a Agrobiodiversidade*). Columbia University press, Nova Iorque.

Brookfield, H., Padoch, C., Parsons, H. e Stocking, M. (2002). Cultivating Biodiversity: understanding, analyzing, and using agricultural diversity. Universidade das Nações Unidas, ITDG publishing, Londres.

Brownrigg, L. (1985). *A jardinagem doméstica no desenvolvimento internacional: What the literatures shows.* Liga para a Educação Alimentar Internacional. Washington D.C. 55pp.

CBD (1994). *Convenção sobre a Diversidade Biológica.* The interim secretatiat for the convention on biological diversity, Geneva executive centre, Switzerland, 34pp.

Christanty, L. (1990). Home gardens in tropical Asia, with Special Reference to Indonesia. **In**: *Tropical Homegardens*, pp.9-20 (Landauer, K. e Brazil, M. eds.). The United Nations University Press, Tóquio, Japão.

Christanty, L. (1985). *Homegardens in Tropical Asia*: Uma referência especial à Indonésia. Actas do Primeiro Workshop Internacional sobre Jardins Domésticos Tropicais, 2-9 de dezembro de 1985, Bandung, Indonésia.

Clerk, F. A. J. e Castillo, N.P. (2000). Espécies de plantas das hortas tradicionais maias do México como análogos para agroflorestas multiestratos. *Agroforestry systems* **48**: 303-317.

Cromwell, E. Cooper, D. e Mulvany P. (1999). *Agriculture, biodiversity and livelihoods*: Issues and entry points for development agencies. Overseas Development Institute, Londres. http://nt1.ids.ac.uk/eldis/agbio.htm

CSA (1997). Autoridade Central de Estatística. Report on results of enset sample survey. Statistical bulletin 184, Adis Abeba, Etiópia.

Elias Eyasu e Scoones, I. (1999). Perspectivas sobre a alteração da fertilidade do solo: A case Study from Southern Ethiopia. *Land Degrad.Develop.* **10**:195-206.

Engels J. (2002). Hortas caseiras - uma perspetiva de recursos genéticos. **In**: *Home gardens and in-situ conservation of plant genetic resources in farming systems,* pp. 3-9 (Watson J, W. e Eyzaguirre, P.B. eds.). IPGRI, Roma, Itália.

Etana Tolosa (2007). Utilização, Ameaça e Conservação de Plantas Medicinais Tradicionais por Populações Indígenas em Gimbi Woreda, Wollega Ocidental, Etiópia Ocidental. Tese de Mestrado, Universidade de Adis Abeba.

Eyzaguirre, P. e Watson, J. (2002). Hortas caseiras e agrobiodiversidade: uma visão geral das regiões. **In**: *Homegardens and in-situ conservation of plant genetic resources in farming systems,* pp.3-10 (Watson, J e Eyzaguirre, P. eds.). IPGRI, Roma, Itália.

FARM-Africa (2005). *Soil Fertility Practices in Wolayta Zone, Southern Ethiopa: Learning from Farmers* .Policy and Reaserch Series, Water Side Press, UK, London.

FAO (1961). Organização das Nações Unidas para a Alimentação e a Agricultura: Agriculture in Ethiopia.

(FAO), Roma

Feleke Woldeyes (2000). A study on Bodiversity Management in *Daaddegoyo* (Traditional Home Gardens) by Kaficho people of Bonga area (Southwestern Ethiopia). Tese de Mestrado, Universidade de Adis Abeba.

Fernandes, E.C.M. e Nair, P.K.R. (1990). Evolução da estrutura e funções dos homegadens tropicais. **In**: *Tropical Homegardens,* pp. 105-114 (Landauer, K. e Brazil, M. eds). The United Nations University Press, Tóquio, Japão.

Fernandes, E.C.M. e Nair, P.K.R. (1986). Uma evolução da estrutura e função dos jardins domésticos tropicais. *Sistemas Agrícolas* **21**: 279-310.

Fernandes, E.C.M., Oktingati, A., e Maghembe, J. (1984). As hortas caseiras Chagga: A multistoried Agroforestry Cropping systems on Mount Kilimanjaro (Northern Tanzania) *Agroforestry Systems* **2**:73-86.

Greig-Smith, P. (1980). The Development of Numerical Classification and Ordination (O Desenvolvimento da Classificação e Ordenação Numérica). *Vegetatio.* **42**: 1-9.

Harlan, J.R. (1969). Ethiopia: A Center of Diversity. *Econ. Bot.* **23**: 309-314.

Harmer, K. (1991). The Potential of Mixed Orchards in Britain, Tese de Licenciatura, Universidade do País de Gales, Bangor, Reino Unido.

Hoogerbrugge, I. e Fresco, L. (1993). *Sistemas de hortas caseiras: caraterísticas e desafios agrícolas.* Programa de agricultura sustentável do Instituto Internacional do Ambiente e Desenvolvimento. Gatekeeper series 39, Londres, Reino Unido.

IPGRI (2003). Home gardens and the *in-situ* conservation of plant genetic resources. http//: www.Ipgri.cgiar.org/

IPGRI (1999). *Diversidade para o desenvolvimento.* The new strategy of international plant genetic resources Institute. IPGRI, Roma, Itália

Jacob, V.J. e Alles, W.S. (1987). Jardins Kandyan do Srilanka. *Agroforestry Systems* **5**:123137.

Jarvis, D.L., Myer, H., Klemick, L., Guarino, M., Smale, A.D.H., Brown, M., Sadiki, B.,Sthapit e Hodgkin. T. (2000). *A training Guide for In-Situ Conservation On-farm.* Versão 1. IPGRI, Roma, 141pp.

Jensen, M. (1993). Productivity and nutrient cycling of Javanese homegardens (Produtividade e ciclo de nutrientes das hortas caseiras javanesas). *Agroforestry Systems* **24**: 187-201.

Kaluski, O.N., Ophir, E. e Tilahun Amede (2001). Segurança Alimentar e Nutrição no caso da Etiópia para ação. *Nutrição em Saúde Pública*: **5** (3): 373-381.

Karyono, I. (1990). Hortas caseiras em Java: sua estrutura e função. **In**: *Tropical Home Gardens,* pp. 138-146 (Landauer, K. e Brazil, M., eds.). The UNU Press, Tóquio.

Kaya, M., Kammesheidt, L. e Weidelt, H. J. (2002). O sistema de jardins florestais da ilha de Saparua, no centro de Maluku, Indonésia, e o seu papel na manutenção da diversidade de espécies de árvores. *Agroforestry Systems* **54**: 225-234.

Kumar, M.B., George, S.J. e Chinnamani, S. (1994). Diversidade, estrutura e stock permanente de madeira nas hortas caseiras de Kerala, na Índia Peninsular. *Agroforestry Systems* **25**: 243-262.

Kumar, B.M., e Nair, P.K.R. (2004). The enigma of tropical homegardens. *Agroforestry Systems* **61**: 135-152.
Lye, K.A. e Edwards, S. (1997). Musaceae. **In**: *Hydrocharitaceae to Arecaceae*. Pp. 317-321 (Edwards, S., Sebsebe Demissew e Hedberg, I. eds.). Flora of Ethiopia and Eitrea. Vol. 6, Addis Ababa, Etiópia, Uppsala, Suécia.

Mandez, V.E. (2000). Uma avaliação das hortas domésticas tropicais como exemplos de sistemas agroflorestais locais sustentáveis. **In**: *Sustentabilidade dos Agroecossistemas: Desenvolvimento de estratégias práticas*. Pp.51-66 (Gleissman, S.R. ed.). CRC, Press, EUA.

Martin, G.J (1995). *Ethnobotany: A Method Manual*. Chapman and Hall, Londres, 267pp.

Martin, G.J. e Semple, A. (1994). Joint ventures in Applied Ethnobotany: *Nature and Resource* **30**: 5-17.

Marten, G.D. e Abdoellah, O.S. (1988). Diversidade de culturas e nutrição em Java Ocidental. *Ecology of Food and Nutrition* **21**: 17-43.

Martinet, C. e McNeely, J. (1992). Gerir os parques para o século XXI. Um dispositivo do Congresso dos Parques. *Parques* **3**: 13-21.

Mendez, V.E.L. e Somarriba, E. (2001). Análise interdisciplinar de hortas caseiras na Nicarágua: microzonação, uso de plantas e importância socioeconómica. *Agroforestry Systems* **51**: 85-96.

Michan, G. e Mary, F. (1994). Conservation of Traditional village Gardens and New Economic Strategies of Rural House Holdings in the area of Bogor, Indonesia. *Agroforestry systems* **25**:*31-58*.

Michon, G. e Mary, F. (1990). Transformando hortas domésticas tradicionais e sistemas relacionados no oeste de Java (Bogor) e no oeste de Sumatra (Maninjav). **In**: *Tropical Homegardens,* pp. 169-185 (Landauer, K. e Brazil, M. eds.). United Nations University press, Tóquio, Japão.

Millat-e-Mustafa, M. (1998). Panorama da Investigação em Sistemas de Jardins Domésticos. **In**: *Applied Ethnobotany in Natual resource Management Traditional Home gardens*. Pp.13-19

(Rastogi, A., Godbole, A e Shengji, P.eds.). Centro Internacional para o Desenvolvimento Integrado das Montanhas, Katmandu, Nepal.

Miller, K., Allegretti, M., Jhonson, M. e Jonsson, B. (1995). Medidas de conservação da biodiversidade e utilização sustentável dos seus componentes. **In**: *Global Biodiversity Assessment*, pp.915-1061 (Heywood, V. ed.). University press, Cambridge.

Mitchell, R. e Hanstad, T. (2004). Small home garden plots and sustainable livelihoods for the poor. Instituto de Desenvolvimento Rural (RDI), EUA, 43pp.

MoA (2000). *Ministério da Agricultura.* Agroecological Zonations of Ethiopia (Zonas Agroecológicas da Etiópia). Addis Abeba, Etiópia.

Nair, P.K.K. (2001). As hortas domésticas tropicais iludem a ciência, ou é o contrário? *Agroforestry Systems* **53**(2): 239-245.

Nair, M.A. e Sreedharan, C. (1986). Agroforestry farming systems in the homesteads of Kerala, Southern India. *Agroforestry Systems* **4**: 339-363.

Ninez, V. (1987). Hortas domésticas: Considerações teóricas e políticas. *Sistemas Agrícolas* **23**: 167-186.

NMSA (1997-2006). Agência Nacional de Serviços Meteorológicos. Adis Abeba, Etiópia.

Oakley, E. (2004). Hortas domésticas: uma responsabilidade cultural. LEISA, março de 2004: 22-23.

Oduol, P.A. e Aluma, J.R.W. (1990). A banana (Musa spp.) - Café robusta: Sistema Agroflorestal Tradicional do Uganda. *Agroforestry Systems* **11**: 213-226.

Okigbo, B.N. (1994). Conservação e utilização de germoplasma na agricultura tradicional africana e no sistema de uso da terra. **In**: *Safeguarding the genetic basis of Africa's traditional crops,* pp. 15-38 (Putter, A., ed.), CTA, Países Baixos/IPGRI/Roma.

Okigbo, B. (1992).Conservation and use plant Germplasm in African Traditional Agriculture and Land Use Systems: Keynote Address Presented to the CIA/IBPGR/KAIR Seminar on Safeguarding the genetic basis of Africa's traditional crops, Nairobi.

Okigbo, B.N. (1990). Hortas domésticas na África Tropical. **In**: *Tropical Home Gardens,* pp.21-40 (Landauer, K. e Brazil, M.eds), UNU, Tóquio.

Padoch, C. e de Jong, W. (1991). Os jardins da casa de Santa Rosa: diversidade e variabilidade no sistema agrícola da Amazónia. *Botânica Económica* **45** (2): 166-171.

Perera, A.H. e Rajapakse, N.R.M. (1991). A baseline study of Kandayan forest gardens of Srilanka: structure, composition and utilization.*Forest Ecology and Management* **45**: 269280.

Phillips, O. (1996). Alguns métodos quantitativos de análise do conhecimento etnobotânico. **In**: *Selected guidelines for Ethnobotanical Research*: *A Field Manual*, pp.167-198 (Alexiades, M. ed.). The New York Botanical Garden, Nova Iorque.

Power, A.G. e Flecker, A.S. (1996). The Role of Biodiversity in Tropical Managed Ecosystems (O Papel da Biodiversidade nos Ecossistemas Tropicais Geridos). **In**: *Biodiversity and ecosystem processes in Tropical Forests.* Pp.173-194 (Gordon, H., Rudolfo, D. e Cushman, J.H. eds.). springer, Berlim, Alemanha.

Pulami, R. e Paudel, D. (2004). Contribution of Home gardens to Livelihoods of Nepalese farmers

(Contribuição das hortas caseiras para os meios de subsistência dos agricultores nepaleses). **In**: *Home gardens in Nepal,* pp. 18-26 (Gautam, R., Sthapit, B. e Shrestha, P, eds.). Actas de um seminário nacional, 6-7 de agosto de 2004, Pokhara, Nepal, 135pp.

Rugalema, G.H., Okting'ati, A. e Johnson, F.H. (1994). The Homegarden Agroforestry systems of Bukoba district, North-Western Tanzania. *Agroforestry Systems* **26**: 53-64.

Seeth, H.T., Chachnov, S., Surinov, A. e Braun, J. V. (1998). Russian Poverty: Muddling through Economic transition with Garden plots. *World Development* **26** (29):1611-1623.

Shank, R. e Ertiro, C. (1996). A linear model for predicting Enset plant yield and assessment of *Qocho* production in Ethiopia. Unidades do Programa Alimentar Mundial/SNNPRS/PNUD para a Etiópia.

Http://www.africa.upenn. edu/eue web/Enset.htm

Shankar, A.V., Gittelsohn, J., Pradhan, E.K., Dhungel, C.e West, K.P. (1998).Home gadening and access to animals in households with xerophithalmic children in rural Nepal. *Food and Nutrrition Bulletin* **19**: 34-41.

Shannon, C.E., e Wiener, W. (1949). The Mathematical theory of Communication (A teoria matemática da comunicação). Univesity of Illinois Press. Urbana III.

Shewaye Deribe, Zemede Asfaw, Awgachew Teshome e Sebsebe Demissew (2002). Gestão da Agrobiodiversidade na Bacia Hidrográfica de Borkena, South Wello, Etiópia: Farmers allocate Crops/landraces to farm types. *Ethiop.J. Biol. Sci.* **1**(1): 13-36.

Smeds, H. (1955). A cultura de plantação de beterraba de Sidamo oriental, Etiópia. *Ata Geogr.* **13**:2-39.

Soemarwoto, O. e Conway, G.R. (1991). The Javenese Home garden. Investigação-Extensão, *Journal for Farming Systems* **2**: 95-117.

Sommers, P. (1982). The Mixed Garden: the UNICEF home garden handbook UNICEF, PP.155.

Tesfaye Abebe (2005). Diversity of Homegardens Agroforestry Systems of Southern Ethiopia (Diversidade dos Sistemas Agroflorestais de Hortas Caseiras do Sul da Etiópia). Dissertação de doutoramento, Universidade de Wageningen, Países Baixos.

Thrupp, L.A. (2000).Linking Agricultural Biodiversity and Food Security: the valuable role of agrobiodivesity for sustainable agriculture. *Assuntos internacionais* **76** (2): 265-281.

Torquebiau, E. (1992). As hortas agroflorestais tropicais são sustentáveis? *Agricultura, Economia e Ambiente* **41**: 189-207.

Young, A. (1989). Ten Hypotheses for soil Agroforesty Research (Dez hipóteses para a investigação da agroflorestação do solo). *Agroflorestação Hoje* **1**:13-16

Van der Maarel, E. (1979). Transformação de valores de abundância de coberto e seus efeitos na similaridade de comunidades. *Vegetatio* **39**:97-114.

Vavilov, I. (1951). The Origin, Variation, Immunity and Breeding of Cultivated Plants, Nova Iorque.

Westphal, E. (1975). *Agricultural Systems in Ethiopia (Sistemas Agrícolas na Etiópia).* Agric.Res.Rep.826. Wageningen.

Wiersum, K.F. (1982). Tree gardening e Taungya em Java: Exemplos de Técnicas Agroflorestais nos Trópicos Húmidos. *Agroforestry Systems* **1**: 53-70.

Wezel, A. e Bender, S. (2003). Diversidade de espécies de plantas em hortas caseiras de Cuba e sua importância para o abastecimento alimentar das famílias. *Agroforestry Systems* **57**: 39-49.

WZSEP (2005). Perfil Socioeconómico da Zona de Wolayta. Wolayta Soddo, Etiópia.

Zemede Asfaw (2004). Horta Caseira e Agrobiodiversidade. **In**: *The enset-basedhomegardens of Ethiopia,* pp. 123-147 (Eyzaguirre e Linares eds.). Smithsonian Institution, Washington.

Zemede Asfaw (2002).Home gardens in Ethiopia: some observations and generalizations. **In**: *Home gardens and in-situ conservation of Plant Genetic Resources in Farming Systems.* pp. 125-139 (Watson, J.W. e Eyzaguirre, P.B. eds.). Actas do segundo workshop internacional sobre hortas domésticas, 17-19 de julho de 2001, Witzenhausen, Alemanha.

Zemede Asfaw (2001).Origem e evolução das hortas domésticas rurais na Etiópia. *Biol. Skr.* **54**: 273-286.

Zemede Asfaw (1997). *Levantamento de culturas alimentares e plantas úteis indígenas, suas preparações e hortas caseiras na Etiópia. Culturas alimentares e plantas úteis indígenas africanas.* Utilização de recursos, série de avaliação, nº B6. UNU, ICIPE Press.

Zemede Asfaw e Ayele Nigatu (1995). Hortas caseiras na Etiópia: Caraterísticas e diversidade vegetal. *SINET: Ethiop. J. Sci.* **18**(2):235-266.

Zemede Asfaw e Zerihun Woldu (1997). Associações de culturas de hortas domésticas em *Wolayta* e *Gurage* no sul da Etiópia. *SINET: Ethiop. J. Sci.* **20**(1):73-90

# Apêndice I

**Espécies de plantas recolhidas em todas as zonas de estudo**

| Nome científico | Nome de família | Wolaitigna | Hábito | Utilizações | Col. Não |
|---|---|---|---|---|---|
| *Achyranthus aspera* L. | Amaranthaceae | *x* | Ervas | Senhora | TS139 |
| *Acmella caulirhiza* Del. * | Asteraceae | *Aydamiyaa* | Ervas | Md | TS052 |
| *Adenostemma caffrum* DC. | Asteraceae | *x* | Ervas | Senhora | TS066 |
| *Adenostemma perottettii DC.* | Asteraceae | *x* | Ervas | Senhora | TS118 |
| *Ageratum conyzoides* L. | Asteraceae | *Zee 'isaa* | Ervas | Senhora | TS117 |
| *Allium cepa* L. * | Aliaceae | *Sunkurutuwaa* | Ervas | Md | TS056 |
| *Allium sativum* L. * | Aliaceae | *Tumuwaa* | Ervas | Md | TS057 |
| *Amaranthus caudatus* L.* | Amaranthaceae | *Gagabisaa* | Ervas | Md | TS082 |
| *Amaranthus dubius* Thell. | Amaranthaceae | *Fara cumagniyaa* | Ervas | Senhora | TS083 |
| *Amaranthus hybridus* L. * | Amaranthaceae | *Cumagniyaa* | Ervas | Md | TS096 |
| *Amaranthus thunbergii* Moq. | Amaranthaceae | *x* | Ervas | Senhora | TS092 |
| *Ananas comosus* (L.) Merr. * | Bromeliaceae | *Ananasiyaa* | Ervas | P. | TS015 |
| *Annona cherimola* Mill. * | Anonáceas | *Gishtaa* | Árvore | P. | TS019 |
| *Artemisia absinthium L.* * | Astraceae | *Faranja natiraa* | Ervas | Md | TS121 |
| *Artemisia afra* Jacq. ex Willd. * | Astraceae | *Natiraa* | Ervas | Md | TS035 |
| *Balanites aegyptiaca* L. | Balanitidaceae | *Baddanna* | Árvore | Ffr. | TS128 |
| *Beta vulgaris L.* * | Chenopodiaceae | *Chave siryaa* | Ervas | Vg | TS005 |
| *Bidens bite mala* (Lour.) Merr. & Sherff. | Asteraceae | *Hanxakaluwaa* | Ervas | Senhora | TS154 |
| *Bougainvillea glabra* Choisy* | Nyctaginaceae | *Chishsha mitaa* | Arbusto | Ot. | TS159 |
| *Brassica nigra* (L.) in Rohling* | Brassicaceae | *Santaa* | Ervas | Vg | TS047 |
| *Brassica olerácea* L. * | Brass icaceae | *Mate-santaa* | Ervas | Vg | TS045 |
| *Brucea antidysenterica* J.F. Mill. | Simaraubaceae | *x* | arbusto | Senhora | TS126 |
| *Buddleja polystacha* Fresen * | Logonaceae | *x* | arbusto | Sh | TS098 |
| *Caesalpinia decapetala* (Roth.) Alston* | Fabáceas | *Gom 'oriyaa* | Alpinista | Lf | TS123 |
| *Cajanus cojan* (L.) Mill. * | Fabáceas | *Faranja ataraa* | Ervas | Fo. | TS021 |
| *Calpumea aurea* (Ait.) Bentk* | Fabáceas | *Mayluwaa* | arbusto | Md. | TS071 |
| *Canna indica* L. * | Cannáceas | *Kare ciishaa* | Ervas | Ot. | TS089 |
| *Capsicum annuum* L. * | Solanáceas | *Gojobba* | Ervas | Fo. | TS044 |
| *Capsicum frutescens* L. * | Solanáceas | *Miximixa* | Ervas | Sp. | TS145 |
| *Carica papaya* L. * | Caricáceas | *Papayiyaa* | Árvore | P. | TS017 |
| *Casimiroa edulis* LaLlave * | Rutáceas | *Kasmiriyaa* | Árvore | P. | TS014 |
| *Catha edulis* (Vahl) Forssk. ex Endl. * | Celastraceae | *Caatiyaa* | arbusto | St. | TS107 |
| *Caylusea abyssinica* (Fresen) Fisch. & | Resedáceas | *x* | Ervas | Senhora | TS088 |

| Mey. | | | | | |
|---|---|---|---|---|---|
| *Celosia schweifurihiana* Schinz. | Amaranthaceae | X | Ervas | Senhora | TS110 |
| *Chenopodium ambrosioides* L. * | Chenopodiaceae | X | Ervas | Md. | TS095 |
| *Cicer arietinum* L. * | Fabáceas | *Sumburaa* | Ervas | Fo. | TS050 |
| *Cirsium schimperi* (Vatke) Jeffrey ex Cuf | Asteraceae | X | Ervas | Senhora | TS101 |
| *Citrus aurantifolia* (Christm.) Swingle * | Rutáceas | *lomiyaa* | arbusto | P. | TS049 |
| *Citrus aurantium* L. * | Rutáceas | *Camiyaa lomiaa* | arbusto | P. | TS132 |
| *Citrus sinensis* (L.) Obseck. * | Rutáceas | *Buriukaniyaa* | arbusto | P. | TS013 |
| *Clausena anisata* (Willd.) Hook. f. ex Benth * | Rutáceas | *Desha lomiyaa* | arbusto | Thb. | TS158 |
| *Clerodendrum cordifolium* A. Rich * | Verbenáceas | *Kana boyiaa* | Ervas | Fo. | TS072 |
| *Coccinia abyssinica* (Lam.) Cogn.* | Cucurbitáceas | *Gossiyaa* | alpinista | P. | TS099 |
| *Coffea arabica* L * | Rubiáceas | *Tukiyaa* | arbusto | St. | TS051 |
| *Colocasia escalenta* (L.) Schoot* | Araceae | *Boynaa* | Ervas | Fo. | TS002 |
| *Commelina latifolia* Höchst, ex A.Rich.* | Commelinaceae | *Dal 'ishaa* | erva | Sf. | TS105 |
| *Conyza aegyptiaca* (L.) Ait. | Asteraceae | X | erva | Senhora | TS152 |
| *Conyza bonariensis* (L.) *Cronq.* | Asteraceae | X | Ervas | Senhora | TS124 |
| *Conyza variegata* Sch.Bip. ex A.Rich. | Asteraceae | X | Ervas | Senhora | TS094 |
| *Cordia africana* Lam. * | Borragináceas | *Mokotaa* | Árvore | Tm. Sf. | TS131 |
| *Coriandrum sativum* L. * | Apiáceas | *Debuwaa* | Ervas | Md. | TS038 |
| *Crassocephalum crepidioides* (Benth.) S.Moore | Asteraceae | X | Ervas | Senhora | TS067 |
| *Croton macrostachyus* Del. * | Euphorbiaceae | *Ankaaa* | Árvore | Md. | TS130 |
| *Cucurbita pepo* L. * | Cucurbitáceas | *Lelehiyaa* | Alpinista | Fo. | TS048 |
| *Cymbopogon citratus* (DC.) * | Poaceae | *Buceechaa* | Ervas | Sp. | TS037 |
| *Cyperns articulata* L. * | Cyperaceae | *Maata* | Ervas | Fd. | TS076 |
| *Daucus carota* L. * | Apiáceas | *Carotiyaa* | Ervas | Fo. | TS006 |
| *Dioscorea bulbifera* L* | Dioscoreaceae | *Hare-kotiyaa* | Alpinista | Fo. | TS007 |
| *Dioscorea alata* L. * | Dioscoreaceae | *Boyiyaa* | alpinista | Fo. | TS003 |
| *Doyyalis abyssinica* (A. Rich.) Warb. | Flacourtiaceae | *koshimiyaa* | Arbusto | Lf. | TS140 |
| *Ehretia cymosa* Thonn. * | Borragináceas | *Esriwaanjiyaa* | Árvore | Cn. | TS090 |
| *Ensete ventricosum* (Welw.)Cheesman * | Musáceas | *Uuttaa* | Ervas | Fo, Md. | TS001 |
| *Eragrostis tef* (Zucc.) Trotter * | Poaceae | *Gashiyaa* | Ervas | Fo. | TS028 |
| *Erythrina abyssinica* Lam. ex De. * | Fabáceas | *Bortuwaa* | Árvore | Lf | TS151 |
| *Erythrina brucei* Schweinf* | Fabáceas | *Bortuwaa* | Árvore | Lf | TS155 |
| *Eucalyptus globulus* Labill * | Myrtaceace | *Zafiyaa* | Árvore | Cn. | TS138 |
| *Euphorbia petitiana* A. Rich. | Euphorbiaceae | X | Ervas | Senhora | TS115 |
| *Euphorbia schimperiana* Scheele | Euphorbiaceae | X | Ervas | Senhora | TS113 |

| | | | | | |
|---|---|---|---|---|---|
| *Ficus sur* Forssk. * | Moráceas | *Wollaa* | Árvore | Efr. Sh. | TS141 |
| *Ficus vasta* Forssk.* | Moráceas | *Ettaa* | Árvore | Efr. Sh. | TS142 |
| *Galinsoga quadriradiata* Ruiz & Pavon | Asteraceae | *Biziddiyaa* | Ervas | Senhora | TS079 |
| *Glycine wightii* (Wight & Arn.) | Fabáceas | *Turaa* | Alpinista | Senhora | TS109 |
| *Gossypium hirsutum* L. * | Malvaceae | *Puttuwaa* | Arbusto | Cl. | TS148 |
| *Grevillea robusta* RBr. * | Proteáceas | *Gravilliyaa* | Árvore | Cn. | TS062 |
| *Guizotia abyssinica* (L, f.) Cass.* | Asteraceae | *Nugiyaa* | Ervas | Fd. | TS075 |
| *Guizotia scabra* (Vis.) Chiov. | Asteraceae | *Adel 'iyaa ciishaa* | Ervas | Senhora | TS097 |
| *Hagenia abyssinica* (Bruce) J.F. Gmel. * | Rosáceas | *Koso-mitaa* | Árvore | Md. | TS157 |
| *Hibiscus berberidifolius* A. Rich. | Malvaceae | *Ciishaa* | Ervas | Senhora | TS077 |
| *Hibiscus ovalifolius* (Forssk.) Vahl. | Malvaceae | *Ciishaa* | Ervas | Senhora | TS080 |
| *Hordeum vulgare* L. * | Poaceae | *Bangaa* | Ervas | Fo. | TS027 |
| *Hyparrhena anthistirioides* (Höchst, ex A. Rich) Stapf. | Poaceae | *Mataa* | Ervas | Senhora | TS070 |
| *Hypoestes trifolia* (Forssk.) Roem.& Schul. | Acantáceas | x | | Senhora | TS127 |
| *Indigofera atriceps* Hook. f. | Fabáceas | *Wusaawudiyaa* | Ervas | Senhora | TS059 |
| *Ipomoea batatas* (L.) Lam.* | Convolvuláceas | *Shukariyaa* | Reboque | Fd. | TS004 |
| *Iresine herbstii* Hook.f * | Amaranthaceae | *Ciishaa* | Ervas | Ot. | TS085 |
| *Justicia ladanoides Lam.* | Acantáceas | *x* | Ervas | Senhora | TS069 |
| *Lactuca sativa* L. * | Asteraceae | *Santtaa* | Ervas | Vg. | TS137 |
| *Lagenaria siceraria*tJAoV) Stand!* | Cucurbitáceas | *Gossiya* | Alpinista | P. | TS147 |
| *Lantana cantara* L. * | Verbenáceas | *Shaashshaa* | Alpinista | Lf. | TS143 |
| *Lepidium sativum* L. * | Brassicaceae | *Fetuwaa* | Ervas | Md. | TS039 |
| *Lencas deflexa* Hook.f | Lamiaceae | x | Ervas | Senhora | TS065 |
| *Lippia adoensis* Höchst, ex Walp. * | Verbenáceas | *kosorotyaa* | Arbusto | Sp. Md | TS031 |
| *Lycopersicon esculentum* Mill.* | Solanáceas | *Timatimyaa* | Alpinista | Vg. | TS043 |
| *Maesa lanceolata* Forssk. | Myrsinaceaea | *x* | Ervas | Senhora | TS116 |
| *Malva parviflora* Hojer | Malvaceae | *Ciishshaa* | Ervas | Senhora | TS114 |
| *Mangifera indica* L. * | Anacardiaceae | *Manguwaa* | Árvore | P. | TS020 |
| *Manihot escalenta Grentz** | Euphorbiaceae | *Mita Boyaa* | Arbusto | Fo. | TS008 |
| *Milletia ferniginea* (Höchst.) Bak.* | Fabáceas | *Zagiyaa* | Árvore | Lf. Sf. | TS146 |
| *Mirabilis jalapa* L. * | Nyctaginaceae | *Chishsha mitaa* | Ervas | Ot. | TS160 |
| *Moringa stenopetala* (Bak. F. ) Cuf* | Moringaceae | *Halako* | Árvore | Md. Fo. | TS032 |
| *Musa paradisiaca* L. * | Musáceas | *Musiyaa* | Ervas | P. | TS011 |
| *Nicandra physaloides* (L.) Gaertn. | Solanáceas | *Macharaa* | Ervas | Senhora | TS063 |
| *Ocimum basilicum* L. * | Lamiaceae | *Kepuwaa* | Ervas | Sp. md. | TS033 |

| | | | | | |
|---|---|---|---|---|---|
| *Ocimum lamiifolium* Höchst. exBenth.* | Lamiaceae | *Guluwaa shesha* | Ervas | Md. | TS053 |
| *Ocimum uriicifolium* Roth.* | Lamiaceae | *Guluwaa* | Ervas | Md. | TS034 |
| *Oldenlandia corymbosa* L | Rubiáceas | X | Ervas | Senhora | TS112 |
| *Olea europea* L. ssp. *cuspidata* (Wall, ex G.Don) Cif * | Oleáceas | *Wogaraa* | Árvore | Cn. | TS106 |
| *Oxalis comiculata* L. | Oxalidáceas | *Bita maxiniaa* | Ervas | Senhora | TS104 |
| *Passiflora edulis* Sims * | Passifloriaceae | *Gelesho bunkiyaa* | Alpinista | P. | TS111 |
| *Paulinia pinnata* L* | Sapindiaceae | *Karaa* | Árvore | Sh. | TS061 |
| *Pavetta abyssinica* Fres. | Rubiáceas | X | Arbusto | Tm. | TS058 |
| *Persea americana* Mill. * | Lauraceae | *Afukaduwaa* | Árvore | P. | TS010 |
| *Phaseolus lunatus* L. * | Fabáceas | *Bolokiyaa* | Alpinista | Fo. | TS025 |
| *Phaseolus vulgaris* L. * | Fabáceas | *Lokumaa* | alpinista | Fo. | TS024 |
| *Phonex reclinata* Jacq. * | Arecaceae | *Zambaabaa* | Ervas | Ot. | TS129 |
| *Pisum sativum* L. * | Fabáceas | *Ataraa* | Ervas | Fo. | TS022 |
| *Plectranthus barbatus* Andrews | Lamiaceae | X | Ervas | Senhora | TS068 |
| *Plectranthus edulis* (Vatke) Agnew* | Lamiaceae | *Wolayta donuwa* | Ervas | Fo. | TS133 |
| *Plectranthus lanuginosus* (Höchst, ex Benth.) Agnew | Lamiaceae | X | Ervas | Senhora | TS074 |
| *Podocarpus falcatus* (Thunb. )* | Podocarpaceae | *Zigbaa* | Árvore | Tm. | TS018 |
| *Primus pérsica* (L.) Stokes * | Rosáceas | *Kokiyaa* | Árvore | P. | TS016 |
| *Psidium guajava* L. * | Myrtaceae | *Zaytoniyaa* | Árvore | P. | TS012 |
| *Pycnostachys abyssinica* Fresen. * | Lamiacae | *Olomuwaa* | Arbusto | Lf. | TS156 |
| *Raphanus raphanistrum* L. * | Latão icacae | *Santa zeretaa* | Ervas | Vg. | TS042 |
| *Rhaminus prinoides* L'Herit * | Rhaminaceae | *Geshuwaa* | Arbusto | St. | TS102 |
| *Rhus glutinosa* A. Rich. | Anacardiaceae | *Mucaakiiwaa* | Arbusto | Senhora | TS091 |
| *Ricinus communis* L. * | Euphorbiaceae | *Kobuwaa* | Arbusto | Óleo | TS041 |
| *Rosa abyssinica* Lindley * | Rosáceas | *Kare ciishshaa* | Arbusto | Ot | TS134 |
| *Rosmarinus officinalis* Forssk. * | Lamiaceae | *Ashoshasha mitaa* | Ervas | Md. sp. | TS103 |
| *Rubuspinnatus* Willd. *var. afrotropicus* (Engl.) C.EGust* | Rosáceas | *Enjoryaa* | Arbusto | P. | TS055 |
| *Rumex nepalensis* Spreng. | Polygonaceae | X | Ervas | Senhora | TS125 |
| *Ruta chalepensis* L. * | Rutáceas | *Talotiyaa* | Ervas | Md. | TS036 |
| *Saccharum officinarum* L. * | Poaceae | *Shonkoruwaa* | Ervas | Su. | TS135 |
| *Salvia nilotica* Juss. ex Jacq. | Lamiaceae | X | Ervas | Senhora | TS150 |
| *Sapium ellipticum* (Höchst) Pax. * | Euphorbiaceae | X | Árvore | Senhora | TS153 |
| *Scabiosa columbaria* L. | Dibsacaceae | X | Ervas | Senhora | TS087 |
| *Schinus molle* L* | Anacardiaceae | *kundoberberiya* | Árvore | Sp. | TS149 |

| *Senna didymobotrya* (Fresen.) Irwin & Barney | Fabáceas | *Shosha inxarsaa* | Arbusto | Senhora | TS108 |
|---|---|---|---|---|---|
| *Senna petersenina* Bolle | Fabáceas | *Kuto-kuwaa* | Ervas | Sh. | TS081 |
| *Senna septemtrionalis* (Viv.) Irwin & Barneby | Fabáceas | *x* | Arbusto | Senhora | TS122 |
| *Solanum corymbosum* Jacq. | Solanáceas | *Ae 'yinaa* | Ervas | Senhora | TS084 |
| *Solanum dasyphyllum* Schum e Thonn.* | Solanáceas | *Santa-Buluwaa* | Arbusto | Md. Vg. | TS040 |
| *Solanum in di cum* L. | Solanáceas | *Buluwaa* | Arbusto | Senhora | TS093 |
| *Solanum tuberosum* L* | Solanáceas | *Donuwaa* | Ervas | Fo. | TS009 |
| *Sorghum bi color* (L.) Moench*. | Poaceae | *Maldirwaa* | Ervas | Fo. | TS029 |
| *Sphaeranthus steetzii* Oliv. &Hiern. * | Asteraceae | *Wobaxxaa* | Ervas | Md. | TS100 |
| *Syzygium guineense* (Willd.) DC. * | Myrtaceae | *Och 'aa* | Árvore | Efr. | TS144 |
| *Teclea nobilis* Del. | Rutáceas | *Laalaa* | Árvore | Senhora | TS086 |
| *Triticum sativum* L. * | Poaceae | *Gistiyaa* | Ervas | Fo. | TS026 |
| *Triumfetta rhomboidae* Jacq. | Tiliaceae | *Dandirettaa* | Ervas | Senhora | TS064 |
| *Vernonia amygdalian* Del. * | Asteraceae | *Garra* | Arbusto | Md. | TS119 |
| *Vernonia filigera* Oliv, e Hiern. * | Asteraceae | *Buzuwaa* | Arbusto | Lf. | TS060 |
| *Vicia faba* L. * | Fabáceas | *Bakeelaa* | Ervas | Fo. | TS023 |
| *Vigna unguiculata* (L.) Walp * | Fabáceas | *Wohiyaa* | Alpinista | Fo. | TS073 |
| *Vinca rosea* L. * | Apocináceas | *Chishshaa* | Alpinista | Ot. | TS078 |
| *Vitis vinifera* L. * | Vitaceae | *Woinyaa* | Alpinista | P. | TS136 |
| *Xanthium strumarium* L.* | Asteraceae | *Adena maataa* | Ervas | Md. | TS120 |
| *Zea mays* L. * | Poaceae | *Badalaia* | Ervas | Fo. | TS030 |
| *Zingiber officinale* Roscoe * | Zingiberaceae | *Yinjeluwaa* | Ervas | Md. | TS054 |

**Nota:** * indica 112 espécies vegetais úteis da zona de estudo

*x* = Sem nome local

**Legenda**: Fo=alimento, Fr=fruto, Sh=sombra, Sp=especiaria, Md=medicinal, Lf= salva-vidas, Vg=vegetal, Efr=fruto comestível, St=estimulante, Ot= ornamental, Tm=madeira, Thb=arbusto, Cn=construção, Oil=óleo não comestível, Sf=adubo do solo, Cl=roupas, Ffr, fruto usado na hora da fome, Su=açúcar, Ms=diversos

# Apêndice II

**Lista das categorias hortícolas de plantas alimentares de *Wolayta,* estado de cultivo, práticas de plantação e forma de crescimento**

| Vegetais (15) | Hábito | Prática de plantação | Estado de cultivo |
|---|---|---|---|
| *Allium cepa* L. | Ervas | Escavação | Cultivado |
| *Allium sativum* L. | Ervas | Escavação | Cultivado |
| *Beta vulgaris* L. | Ervas | Escavação | Cultivado |
| *Brassica carinata* A. Br. | Ervas | Escavação | Cultivado |
| *Brassica oleracea* L | Ervas | Escavação | Cultivado |
| *Brassica nigra* (L.) in Rohling | Ervas | Escavação | Cultivado |
| *Capsicum annuum* L. | Ervas | Escavação | Cultivado |
| *Capsicum frutescens* L | Ervas | Escavação | Cultivado |
| *Cucurbita pepo* L | Alpinista | Escavação | Cultivado |
| *Deucus carota* L. | Ervas | Escavação | Cultivado |
| *Lactuca sativa* L. | Ervas | Escavação | Cultivado |
| *Lycopersicon esculentum* Mill. | Ervas | Transplantação | Cultivado |
| *Moringa stenopetala* (Bak. f. ) Cuf. | Árvore | Escavação | Cultivado |
| *Raphanus raphanistrum* L. | Ervas | Escavação | Cultivado |
| *Solanum dasyphyllum* Schum e Thonn. | Arbusto | Escavação | Cultivado |
| Cultura de frutos (15) | | | |
| *Ananas comosus* (L.) Merr. | Ervas | Escavação | Cultivado |
| *Annona cherimola* Mill. | Arbusto | Escavação | Cultivado |
| *Carica papaya* L | Ervas | Escavação | Cultivado |
| *Casimiroa edulis* LaLlave | Arbusto | Escavação | Cultivado |
| *Citrus aurantium* L. | Arbusto | Escavação | Cultivado |
| *Citrus aurantifolia* (Christm.) Swingle | Arbusto | Escavação | Cultivado |
| *Citrus sinensis* (L.) Obseck | Arbusto | Escavação | Cultivado |
| *Mangifera indica* L | Arbusto | Escavação | Cultivado |
| *Musa paradisiaca* L | Ervas | Escavação | Cultivado |
| *Passiflora edulis* Sims | Alpinista | Escavação | Cultivado |
| *Persea americana* Mill. | Árvore | Escavação | Cultivado |
| *Psidium guajava* L. | Arbusto | Escavação | Cultivado |
| *Prunus persica* (L.) Stokes | Arbusto | Escavação | Cultivado |
| *Vitis vinifera* L. | Alpinista | Escavação | Cultivado |
| *Rubus pinnatus* Willd. *var. afrotropicus* (Engl.) C.E Gust. | Arbusto | Escavação | Cultivado |
| **Raízes e tubérculos (8)** | | | |

| *Colocasia esculenta* (L.) Schoot | Ervas | Escavação | Cultivado |
|---|---|---|---|
| *Dioscorea alata* L | Alpinista | Escavação | Cultivado |
| *DIoscorea bulbifera* L | Alpinista | Escavação | Cultivado |
| *Ensete ventricosum* (Welw.) Cheesman | Ervas | Transplantação | Cultivado |
| *Ipomoea batatas* (L.) Lam. | Ervas | Transplantação | Cultivado |
| *Manihot esculenta* Grentz. | Arbusto | Transplantação | Cultivado |
| *Plectranthus edulis* (Vatke) Agnew | Ervas | Escavação | Cultivado |
| *Solanum tuberosum* L. | Ervas | Escavação | Cultivado |
| **Impulsos(6)** | | | |
| *Cajanus cajan* (L.) Mill. | Arbusto | Semeadura | Cultivado |
| *Pisum sativum* L. | Ervas | Semeadura | Cultivado |
| *Phaseolus vulgaris* L. | Ervas | Semeadura | Cultivado |
| *Phaseolus lunatus* L. | Ervas | Escavação | Cultivado |
| *Vicia faba* L. | Ervas | Semeadura | Cultivado |
| *Vigna unguiculata(* L.) Walp | Ervas | Semeadura | Cultivado |
| **Cereais (6)** | | | |
| *Hordeum vulgare* L. | Ervas | Semeadura | Cultivado |
| *Sorghum bicolor* (L.) Moench. | Ervas | Semeadura | Cultivado |
| *Triticum sativum* L. | Ervas | Semeadura | Cultivado |
| *Cicer arietinum* L. | Ervas | Semeadura | Cultivado |
| *Eragrostis tef*<Zucc.) Trotter. | Ervas | Semeadura | Cultivado |
| *Zea mays* L. | Ervas | Semeadura | Cultivado |
| **Estimulantes (1)** | | | |
| *Coffea arabica* L | Arbusto | Escavação | Cultivado |
| **Açúcar(1)** | | | |
| *Saccharum officinarum* L. | Ervas | Transplantação | Cultivado |
| **Culturas oleaginosas (não comestíveis)(2)** | | | |
| *Guizotia abyssinica* (L,f.) Cass | Ervas | Semeadura | Cultivado |
| *Ricinus communis* L. | Arbusto | Semeadura | Cultivado |

# Apêndice III

## Itens da entrevista semi-estruturada

Trata-se de uma entrevista guiada que foi feita pelo investigador sobre as plantas úteis (culturas e outras) na horta do agricultor e as diferentes práticas de gestão para as quais é necessária a opinião do agricultor. Em cada tópico-chave, foi efectuada uma discussão com os agricultores para que estes expressassem livremente os seus pontos de vista/ideias.

**Informações pessoais**

Woreda-, Kebele----------Nome do informador------------- , Sexo ----- , Idade----,

Estado civil --------- , Habilitações literárias --------- Profissão--------- , ano de residência na zona-

**Itens da entrevista**

1. Enumera os nomes das plantas que cultivas na tua horta.
2. Quais são as utilizações de cada uma das plantas que cultivas na tua horta?
3. Quais são as plantas alimentares mais utilizadas na sua horta? (Classifique as primeiras 5-7).
4. Quais são as espécies de plantas que cultivam à volta das hortas e das vedações e que são utilizadas para outros fins?
5. Que espécies de plantas cultivam juntas no jardim, ao lado umas das outras ou afastadas umas das outras e porquê?
6. Quais são as práticas de gestão que utiliza para as plantas da sua horta e quem está envolvido nos processos?
7. Existe alguma crença tradicional sobre a origem das plantas desde a época em que eram conhecidas na região?
8. Utiliza os fertilizantes inorgânicos na sua horta?
9. Que materiais de plantação utiliza para o seu jardim doméstico?
10. Mencionar as fontes dos diferentes materiais de plantação.
11. Existe algum critério para seguir e selecionar as plantas para a recolha de materiais de plantação?
12. Adopta algum espaçamento no momento da plantação? O objetivo é recolher informações sobre a disposição horizontal das espécies nas hortas familiares.
13. Que tamanho de plântulas está disponível para plantar e qual é que prefere e porquê? O objetivo é explorar os conhecimentos silvícolas dos agricultores sobre os diferentes tamanhos de plântulas.
14. Que plantas achas que são mais resistentes à seca na tua horta?
15. Qual é o principal objetivo do cultivo de plantas na sua horta? a/ fonte de alimento b/ conservação de

espécies ameaçadas c/ valor medicinal d/ outros

16.Na sua horta, em que altura do ano e de que planta depende?

17.Mencionar as plantas de horta comercializadas na sua localidade e especificar a estação do ano em que existem.

18.Qual é o tipo de vegetação dominante na sua aldeia?

19.Existe algum ditado cultural, canção ou outro relacionado com alguma das plantas da sua horta?

20.Quais são, na sua opinião, os factores que afectam as espécies vegetais na sua horta?

21.Pode explicar a classificação tradicional do povo *Wolayta*?

22.Existe algum método de conservação para armazenar as sementes, bem como as raízes/tubérculos para utilização futura?

23.Como colhe as plantas da horta caseira e que critérios utiliza para selecionar as plantas cultivadas na sua horta caseira?

24.Existe alguma espécie de planta que tenha uma influência positiva no agroecossistema da horta doméstica?

# Apêndice IV

**As espécies de plantas mais úteis, que foram envolvidas no cálculo do índice de diversidade de Shannon.**

| **Nome científico** | Nome de família | Peças utilizadas |
|---|---|---|
| *Acmella caulirhiza* Del. | Asteraceae | flor |
| *Allium cepa* L. | Aliaceae | Tubérculo, folhas |
| *Allium sativum* L. | Aliaceae | Tubérculo, folhas |
| *Amaranthus caudatus* L | Amaranthaceae | Fruta |
| *Ananas comosus* (L.) Merr. | Bromeliaceae | Fruta |
| *Annona cherimola* Mill. | Anonáceas | Fruta |
| *Artemisia absinthium* L. | Asteraceae | Folhas |
| *Artemisia afra* Jacq. ex Willd. | Asteraceae | Folhas |
| *Beta vulgaris* L. | Chenopodiaceae | Raiz |
| *Brassica carinata* A. Br. | Brassicaceae | Folhas |
| *Brassica nigra* ( L.) in Rohling | Brassicaceae | Folhas |
| *Brassica oleracea* L. | Brassicaceae | Folhas |
| *Cajanus cajan* (L.) Mill. | Fabáceas | Semente |
| *Calpurnea aurea* (Ait.) Benth. | Fabáceas | Folhas |
| *Capsicum annuum* L. | Solanáceas | Fruta |
| *Capsicum frutescens* L. | Solanáceas | Fruta |
| *Carica papaya* L. | Caricáceas | Fruta |
| *Catha edulis* (Vahl.) Forssk.ex Endl. | Celastraceae | Folhas |
| *Chenopodium ambrosioides* L. | Chenopodiaceae | Flor |
| *Cicer arietinum* L. | Fabáceas | Semente |
| *Citrus aurantifolia* (Chistm.) Swingle | Rutáceas | Fruta |
| *Citrus aurantium* L. | Rutáceas | Fruta |
| *Citrus sinensis* (L.) Obseck. | Rutáceas | Fruta |
| *Coccinia abyssinica* (Lam.) Cogn. | Cucurbitáceas | Fruta |
| *Coriandrum sativum* L. | Apiáceas | Folhas |
| *Croton macrostachyus* Del. | Euphorbiaceae | Folhas, seiva cerosa |
| *Cymbopogon citratus* (DC.) | Poaceae | Folhas |
| *Coffea arabica* L. | Rubiáceas | Sementes, culturas de rendimento |
| *Colocasia esculenta* (L.) Schoot. | Araceae | Raiz |
| *Cucurbita pepo* L. | Cucurbitáceas | Folhas, frutos |
| *Daucus carota* L. | Apiáceas | Raiz |
| *Dioscorea bulbifera* L. | Dioscoreaceae | Tubérculo aéreo, raiz |

| | | |
|---|---|---|
| *Dioscorea alata* L. | Dioscoreaceae | Raiz |
| *Ensete ventricosum* (Welw.) Cheesman | Musáceas | Caule, cormo, folhas |
| *Eragrostis tef* (Zucc.) Trotter | Poaceae | Semente |
| *Guizotia abyssinica* (L. f.) Cass. | Asteraceae | Semente, planta oleaginosa |
| *Hordeum vulgare* L. | Poaceae | Semente |
| *Ipomoea batatas* (L.) Lam. | Convolvuláceas | Raiz |
| *Lactuca sativa* L. | Asteraceae | Folhas |
| *Lagenaria siceraria* (Mohl.) Standl. | Cucurbitáceas | Fruta |
| *Lepidium sativum* L. | Brassicaceae | Folhas |
| *Lycopersicon esculentum* Mill. | Solanáceas | Fruta |
| *Manihot esculenta* Grentz. | Euphorbiaceae | Raiz |
| *Mangifera indica* L. | Anacardiaceae | Fruta |
| *Musa paradisiaca* L. | Musáceas | Fruta |
| *Moringa stenopetala* (Bak. f. ) Cuf. | Moringaceae | Folhas |
| *Ocimum basilicum* L. | Lamiaceae | Folhas |
| *Ocimum lamiifolium* Hochst. ex Benth. | Lamiaceae | Folhas |
| *Ocimum urticifolium* Roth. | Lamiaceae | Folhas |
| *Passiflora edulis* Sims | passifloráceas | Fruta |
| *Persea americana* Mill. | Lauraceae | Fruta |
| *Phaseolus lunatus* L. | Fabáceas | Semente |
| *Phaseolus vulgaris* L. | Fabáceas | Semente |
| *Pisum sativum* L. | Fabáceas | Semente |
| *Plectranthus edulis* (Vatke) Agnew | Lamiaceae | Raiz |
| *Prunus persica* (L.) Batsch. | Rosáceas | Fruta |
| *Psidium guajava* L. | Myrtaceae | Fruta |
| *Raphanus raphanistrum* L. | Brassicaceae | Folhas |
| *Rubus pinnatus* Willd. *var. afrotropicus* (Engl.) C.E Gust. | Rosáceas | Fruta |
| *Rosmarinus officinalis* L. | Lamiaceae | Folhas |
| *Ruta chalepensis* L | Rutáceas | Folhas |
| *Saccharum officinarum* L. | Poaceae | Caule |
| *Solanum corymbosum* Jacq. | Solanáceas | Fruta |
| *Solanum dasyphyllum* Schum e Thonn. | Solanáceas | Folhas |
| *Solanum tuberosum* L. | Solanáceas | Raiz |
| *Sorghum bicolor* (L.) Moench. | Poaceae | Semente |
| *Sphaeranthus steetzii* Oliv. &Hiern. | Asteraceae | Raiz |
| *Triticum sativum* L. | Poaceae | Semente |
| *Vernonia amygdalina* Del. | Asteraceae | Folhas |

| | | |
|---|---|---|
| *Vicia faba* L. | Fabáceas | Semente |
| *Vigna unguiculata* (L.) Walp. | Fabáceas | Semente |
| *Vitis vinifera* L. | Vitaceae | Fruta |
| *Xanthium strumarium* L. | Asteraceae | Folhas |
| *Zea mays* L. | Poaceae | Semente |
| *Zingiber officinale* Roscoe | Zingiberaceae | Caule, rizoma |

# Apêndice V

**Tipo e dimensão das hortas familiares envolvidas no estudo**

| HG. Não. | Tipos | Tamanho ($m^3$) | PA/sites | Woreda |
|---|---|---|---|---|
| 1 | Quintal | 1250 | *Gututo Larena* | |
| 2 | Quintal | 768 | *Gututo Larena* | |
| 3 | Fechado | 240 | *Gututo Larena* | |
| 4 | Pátio lateral | 846 | *Gututo Larena* | |
| 5 | Fechado | 396 | *Shochora Ogodama* (SO) | |
| 6 | Pátio fechado | 486 | *SO* | |
| 7 | Quintal | 1000 | *SO* | |
| 8 | Quintal | 1100 | *SO* | *Humbo* |
| 9 | pátio | 496 | *SO* | |
| 10 | Pátio lateral | 525 | *SO* | |
| 11 | Quintal | 391 | *Ampo Koisha* | |
| 12 | quintal | 296 | *Ampo Koisha* | |
| 13 | Fechado | 300 | *Ampo Koisha* | |
| 14 | Quintal | 420 | *Ampo Koisha* | |
| 15 | Quintal | 325 | *Ampo Koisha* | |
| 16 | Pátio frontal | 530 | *Achura* | *Boloso Sore* |
| 17 | Quintal | 441 | *Achura* | |
| 18 | Quintal | 660 | *Achura* | |
| 19 | Pátio fechado | 400 | *Achura* | |
| 20 | Quintal | 750 | *Achura* | |
| 21 | Pátio lateral | 292 | *Himbecho* | |
| 22 | Quintal | 250 | *Himbecho* | |
| 23 | Pátio fechado | 225 | *Himbecho* | |
| 24 | Quintal | 220 | *Himbecho* | |
| 25 | Quintal | 300 | *Himbecho* | |
| 26 | Pátio da frente | 275 | *Dubbo* | |
| 27 | Quintal | 325 | *Duboo* | |
| 28 | Quintal | 456 | *Dub bo* | |
| 29 | Quintal | 320 | *Dub bo* | |
| 30 | Quintal | 400 | *Dub bo* | |
| 32 | Quintal | 150 | *Woshe Gale* | *Damot Gale* |
| 33 | Quintal | 320 | *Woshe Gale* | |
| 34 | Quintal | 441 | *Woshe Gale* | |

| 35 | Pátio da frente | 325 | *Woshe Gale* | |
|---|---|---|---|---|
| 36 | Pátio lateral | 256 | *Harto Burkito* | |
| 37 | Quintal | 576 | *Harto Burkito* | |
| 38 | Quintal | 340 | *Harto Burkito* | |
| 39 | Pátio da frente | 456 | *Harto Burkito* | |
| 40 | Quintal | 400 | *Harto Burkito* | |
| 41 | Quintal | 325 | *Gacheno* | |
| 42 | Pátio lateral | 420 | *Gacheno* | |
| 43 | Quintal | 442 | *Gacheno* | |
| 44 | Quintal | 396 | *Gacheno* | |
| 45 | Pátio da frente | 450 | *Gacheno* | |
| 46 | Quintal | 1716 | *Elo Erasho* | *Damot Woyde* |
| 47 | Quintal | 2500 | *Elo Erasho* | |
| 48 | Pátio da frente | 1000 | *Elo Erasho* | |
| 49 | Quintal | 924 | *Elo Erasho* | |
| 50 | Quintal | 750 | *Elo Erasho* | |
| 51 | Pátio lateral | 300 | *Saquê Galcha* | |
| 52 | Quintal | 240 | *Saquê Galcha* | |
| 53 | Quintal | 370 | *Saquê Galcha* | |
| 54 | Quintal | 550 | *Saquê Galcha* | |
| 55 | Quintal | 625 | *Saquê Galcha* | |
| 56 | Pátio lateral | 441 | *Saquê Koyo* | |
| 57 | Quintal | 526 | *Saquê Koyo* | |
| 58 | Quintal | 430 | *Saquê Koyo* | |
| 59 | Quintal | 356 | *Saquê Koyo* | |
| 60 | Quintal | 425 | *Saquê Koyo* | |
| | Total | 31034 | | |
| | Média | 517 | | |

yes

I want morebooks!

Buy your books fast and straightforward online - at one of world's fastest growing online book stores! Environmentally sound due to Print-on-Demand technologies.

Buy your books online at
**www.morebooks.shop**

Compre os seus livros mais rápido e diretamente na internet, em uma das livrarias on-line com o maior crescimento no mundo! Produção que protege o meio ambiente através das tecnologias de impressão sob demanda.

Compre os seus livros on-line em
**www.morebooks.shop**

info@omniscriptum.com
www.omniscriptum.com

Printed by Books on Demand GmbH, Norderstedt / Germany